SISTEMAS DE GESTÃO AMBIENTAL NA
INDÚSTRIA ALIMENTÍCIA

B546s　Bertolino, Marco Túlio.
　　　　　Sistemas de gestão ambiental na indústria alimentícia / Marco Túlio Bertolino. – Porto Alegre : Artmed, 2012.
　　　　　157 p. ; 23 cm.

　　　　　ISBN 978-85-363-2777-8

　　　　　1. Indústria alimentícia. 2. Gestão ambiental. I. Título.

CDU 664:502

Catalogação na publicação: Ana Paula M. Magnus – CRB 10/2052

MARCO TÚLIO BERTOLINO

Químico. Mestre em Engenharia Ambiental pela Fundação Universidade Regional de Blumenau (FURB). Lead Assessor em Gestão da Qualidade (ISO 9001), com formação reconhecida pela International Register of Certificated Auditors (IRCA), e em Segurança dos Alimentos (ISO 22000), com formação reconhecida pelo Registro de Auditores Certificados (RAC). Tem treinamento em HACCP acreditado pelo International HACCP Alliance.

SISTEMAS DE GESTÃO AMBIENTAL NA INDÚSTRIA ALIMENTÍCIA

2012

© Grupo A Educação S.A., 2012

Capa: Maurício Pamplona
Preparação do original: Juçá Neves da Silva
Leitura final: Camila Wisnieski Heck
Assistente editorial: Adriana Lehmann Haubert
Coordenadora editorial – Biociências: Cláudia Bittencourt
Gerente editorial: Letícia Bispo de Lima
Projeto gráfico e editoração: TIPOS – design editorial e fotografia

Reservados todos os direitos de publicação, em língua portuguesa, à
ARTMED EDITORA LTDA., uma empresa do GRUPO A EDUCAÇÃO S.A.
Av. Jerônimo de Ornelas, 670 – Santana
90040-340 – Porto Alegre, RS
Fone: (51) 3027-7000 Fax: (51) 3027-7070

É proibida a duplicação ou reprodução deste volume, no todo ou em parte,
sob quaisquer formas ou por quaisquer meios (eletrônico, mecânico, gravação,
fotocópia, distribuição na Web e outros), sem permissão expressa da Editora.

SÃO PAULO
Av. Embaixador Macedo de Soares, 10.735 – Pavilhão 5
Cond. Espace Center – Vila Anastácio
05095-035 – São Paulo – SP
Fone: (11) 3665-1100 Fax: (11) 3667-1333

SAC 0800 703-3444

IMPRESSO NO BRASIL
PRINTED IN BRAZIL

AGRADECIMENTOS

Um agradecimento especial às professoras Beate e Ingeborg, pela paciência que tiveram comigo. Reconheço profundamente que foram as bases mais sólidas que tive quanto ao entendimento das questões ambientais.

À Desirre, Paulo e Afonso, profissionais que se dedicam com afinco à questão ambiental.

Aos senhores Mário, Marcos, Carlos, e às senhoras Karyna e Helenice, pela admiração profissional que nutro por eles.

E claro, à Eliane, que sempre me ajuda e apoia quando fico horas pesquisando e escrevendo em detrimento de sua amada companhia, e ao Guilherme, que me aconselhou francamente a parar de escrever coisas técnicas e criar histórias para crianças.

APRESENTAÇÃO

As questões relacionadas com o meio ambiente vêm gradativamente se tornando estratégicas para as empresas, que, por sua vez, buscam uma resposta útil tanto para os negócios quanto para a melhoria do desempenho ambiental.

A preocupação das empresas com o meio ambiente iniciou a partir de diversas formas de pressão: investidores e financeiras, como bancos e outras instituições, que evitam investimentos em negócios com perfil ambiental conturbado, diversas seguradoras que só aceitam apólices contra danos ambientais em negócios de comprovada competência em gestão do meio ambiente e uma legislação com crescente aumento das restrições associadas aos lançamentos de efluentes, emissões e geração de resíduos industriais. Além disso, a pressão dos consumidores que buscam produtos ambientalmente corretos, sobretudo em países mais desenvolvidos, estabelece uma forte tendência ao redor do mundo, forçando uma adequação das empresas a essa "consciência verde".

Uma das principais iniciativas nesse sentido é o conjunto de normas ambientais da série ISO 14000, desenvolvidas e publicadas a partir de 1996 pela International Organization for Standardization (ISO). Entre elas, destaca-se a ISO 14001, que estabelece um conjunto de requisitos para implementação de um sistema de gestão ambiental (SGA).

Um SGA, como a própria norma define, é parte do sistema de gestão global, e seu objetivo básico é a conquista de um bom desempenho ambiental pela organização, tendo como referência mínima os requisitos regulamentares ou outros requisitos porventura subscritos pela própria organização, por seus clientes ou por outros interessados. Esses requisitos podem ser auditados de forma objetiva para fins de certificação, o que serve de comprovação para partes envolvidas.

Logicamente, tal tema é fundamental ao segmento de alimentos, em especial no Brasil, onde a indústria alimentícia e a agroindustrial exercem papel fundamental na economia e são responsáveis por impactos ambientais significativos.

Este livro tem por objetivo servir de guia para o entendimento da Norma ISO 14001, auxiliando profissionais que atuam no segmento de alimentos em sua implantação.

SUMÁRIO

1 → PERCEPÇÃO AMBIENTAL	13
Aspectos motivadores da mudança de visão em relação às questões ambientais	13
Evolução das estratégias ambientais	14
Abrangência e objetivos do SGA e a ISO 14001	22

2 → NORMA ISO 14001	33
Estrutura do SGA de acordo com a Norma ISO 14001	34
Requisitos da Norma ISO 14001	36
Benefícios da implantação de um sistema de gestão ambiental	36
Críticas à Norma ISO 14001	37
Macroanálise dos elementos de SGA	39

3 → PLANEJAMENTO (*PLAN*)	45
Escopo	45
Política do sistema de gestão	46

Requisitos legais e outros requisitos 50

    Legislações brasileiras para referência 52

4 → EXECUÇÃO (*DO*)   61

Aspectos ambientais e controle operacional 61

    Metodologia para identificação e quantificação de aspectos e impactos ambientais 67

        Princípio 1 – Identificação de aspectos ambientais e impactos correlacionados 67

        Princípio 2 – Determinação dos pontos críticos de controle ambiental (PCC-A) 72

        Princípio 3 – Estabelecimento de limites críticos para cada PCC-A 72

        Princípio 4 – Estabelecimento de um sistema de monitoramento para cada PCC-A 73

        Princípio 5 – Estabelecimento de ações corretivas para casos de desvio 73

        Princípio 6 – Estabelecimento de procedimentos de verificação 73

        Princípio 7 – Estabelecimento da documentação e da guarda de registros 74

Objetivos, metas e programas 74

    Manejo e gerenciamento de resíduos 88

    Produção mais limpa 89

        Barreiras da implantação 93

        Benefícios da implantação do programa de PmaisL 94

        Etapas do processo de implantação do programa de PmaisL 95

    Proposta Zeri 95

        Conceito e princípios do Zeri 96

        Linhas mestras da estratégia do Zeri 96

            Passo 1 – Produtividade total da matéria-prima 96

            Passo 2 – Ciclo de vida de materiais (modelo output – input) 97

            Passo 3 – Agrupamentos empresariais 98

Sumário

Passo 4 – Descobertas científicas e inventos tecnológicos	99
Passo 5 – Políticas públicas	101
Recursos	101
Competência, treinamento e conscientização	103
Comunicação	105
Documentação	107
Controle de documentos	108
Controle de registros	111
Emergências	114
Comunicação do acidente	117
Simulados de emergências	117
Ações a serem realizadas em casos de emergência	118
Incêndio	119
Derrame de produtos químicos	120

5 → VERIFICAÇÃO (*CHECK*)   131

Monitoramento e medição	131
Auditoria interna	133
Verificação do atendimento a requisitos legais	135

6 → AÇÃO (*ACT*)   137

Ação corretiva e preventiva	137
Análise crítica pela administração	140
ANEXOS	**145**
REFERÊNCIAS	**149**
ÍNDICE	**155**

CAPÍTULO 1

PERCEPÇÃO AMBIENTAL

→ **ASPECTOS MOTIVADORES DA MUDANÇA DE VISÃO EM RELAÇÃO ÀS QUESTÕES AMBIENTAIS**

As últimas três décadas caracterizaram-se por profundas transformações na forma como o homem entende sua relação com o meio ambiente,[1] sendo que a década de 1990, em particular, marca uma expansão dessas transformações para vários setores da sociedade, em especial para o setor produtivo.

No Brasil, um ambiente de estabilidade econômica e uma legislação ambiental clara e estável exercem um papel da maior importância para a inovação ambiental. Os aspectos legais são um forte impulsionador de mudanças, considerando sobretudo o desenvolvimento do direito ambiental, uma das esferas jurídicas que mais rapidamente vêm se desenvolvendo em nosso país, e que é um reflexo dos anseios contemporâneos da sociedade.

Mas, além dos aspectos legais, há no setor ambiental uma grande diversidade de grupos de reivindicação, que podem ser classificados em grupos de interesse social e mercadológicos.

Pertencem aos primeiros os já citados legisladores, órgãos públicos federais e estaduais, circunvizinhos, organizações ambientalistas e de consumidores, mídia, público em geral. Aos últimos, pertencem clientes, seguradoras, bancos e investidores.[2] Todos têm interesse no desempenho ambiental[3] organizacional, maior ou menor de acordo com o tipo de atividade organizacional. Fazem valer suas reivindicações por intermédio de meios que lhes estejam disponíveis. Aqui se incluem desenvolvimentos políticos, ações de órgãos públicos, pressão da sociedade, testes de empresas e de produtos, reportagens, alterações na lei da procura, taxas de seguros, encarecimento de créditos ou prejuízos à imagem.

É nesse contexto que as empresas se sentem motivadas e impulsionadas, e algumas "empurradas", a buscar uma resposta referente às questões ambientais. O ideal é que essa solução possa ser útil aos negócios e, ao mesmo tempo, contribua para a melhoria do desempenho ambiental.

→ EVOLUÇÃO DAS ESTRATÉGIAS AMBIENTAIS

Há até pouco tempo, as exigências relacionadas com proteção ambiental eram consideradas um freio ao crescimento, um fator de aumento dos custos de produção.

No passado, a preocupação com assuntos ambientais era tratada como um questionamento ideológico de grupos ecologistas que não aceitavam a sociedade de consumo moderna. Essa forma de pensar pode ser explicada pelo fato de que, quando a questão ambiental é tratada sob o ponto de vista econômico ortodoxo, a visão se resume a ecologia[4] *versus* economia.

Sob a perspectiva da teoria econômica tradicional, a preservação e o uso racional dos recursos naturais[5] contrapõem-se ao desenvolvimento econômico e à lucratividade da empresa. No entanto, os embates empresariais não ocorrem no cenário mundial atual, descritos pela teoria econômica tradicional, o que levou a uma reavaliação desse ponto de vista sob outra ótica: antes, as questões políticas e econômicas estruturavam a estratégia empresarial; entretanto, além destas, agora a questão ambiental tem impulsionado as empresas em direção ao planejamento ambiental.

Um aspecto importante a ser observado em relação à preocupação ambiental contemporânea é que as dimensões econômicas e mercadológicas das questões ambientais têm-se tornado cada vez mais relevantes. Elas têm representado custos e/ou benefícios, limitações e/ou potencialidades, ameaças e/ou oportunidades para as organizações.

Em termos de significado, a situação do meio ambiente passou a não mais ser tratada nos meios empresariais apenas como uma "agenda negativa". Com o passar dos anos, sobretudo a partir da década de 1980, nos países desenvolvidos, o surgimento de novos conceitos, como o desenvolvimento sustentável e o eco-desenvolvimento,[6] no campo das teorias de desenvolvimento, e a produção mais limpa e o gerenciamento ambiental da qualidade total (TMEM), no campo empresarial, entre outros, foram acentuando os vínculos positivos entre preservação ambiental, crescimento econômico e atividade empresarial.

Assim, a questão ambiental, crescentemente incorporada aos mercados e às estruturas sociais e regulatórias da economia, passou a ser um elemento cada vez mais considerado nas estratégias de crescimento das empresas, seja por gerar ameaças, seja por criar oportunidades empresariais.

É possível evidenciar que ocorreu um processo evolutivo em relação aos aspectos ambientais. Observando, em uma escala temporal, a abrangência das ações voltadas ao meio ambiente, é possível constatar evoluções comuns da gestão ambiental nas organizações, conforme a **Figura 1.1**. Diferentes setores industriais encontram-se em diferentes estágios desse esquema evolutivo.

Nas fases iniciais, quando a operação industrial começa a absorver atividades de proteção ambiental, ocorre a implementação de tecnologias de fim de tubo, conhecidas como *end of pipe*, seguidas de atividades de prevenção da poluição[7]

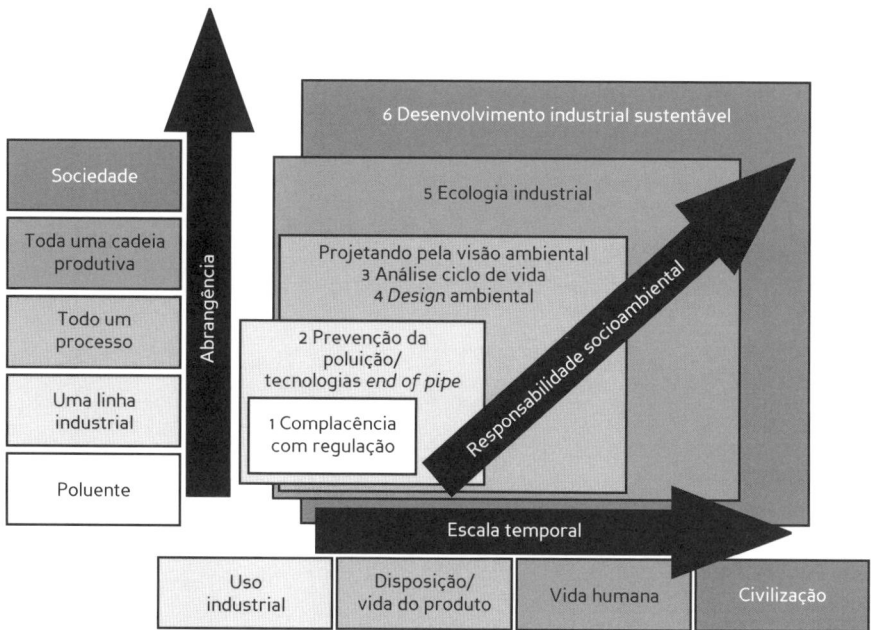

→ **FIGURA 1.1**
Escalas organizacional e temporal para aproximações na administração: ambiental e industrial.

e de medidas de engenharia industrial com vistas aos problemas que não puderam ser completamente evitados pela prevenção da poluição.

Em uma próxima fase, surgem considerações obtidas por meio de análises de ciclo de vida com uma perspectiva ambiental mais ampla, buscando um *design* ambiental para produtos e processos. Em uma fase avançada, quando todos os sistemas tecnológicos são considerados, a ecologia industrial[8] é requerida, indo ao encontro do conceito de desenvolvimento sustentável.[9]

Os limites para esses conceitos, quanto à aplicabilidade de um e outro pelas organizações na escala temporal, se confundem e se sobrepõem, mas a **Figura 1.2** é útil para compreender a extensão e o objetivo de cada um.

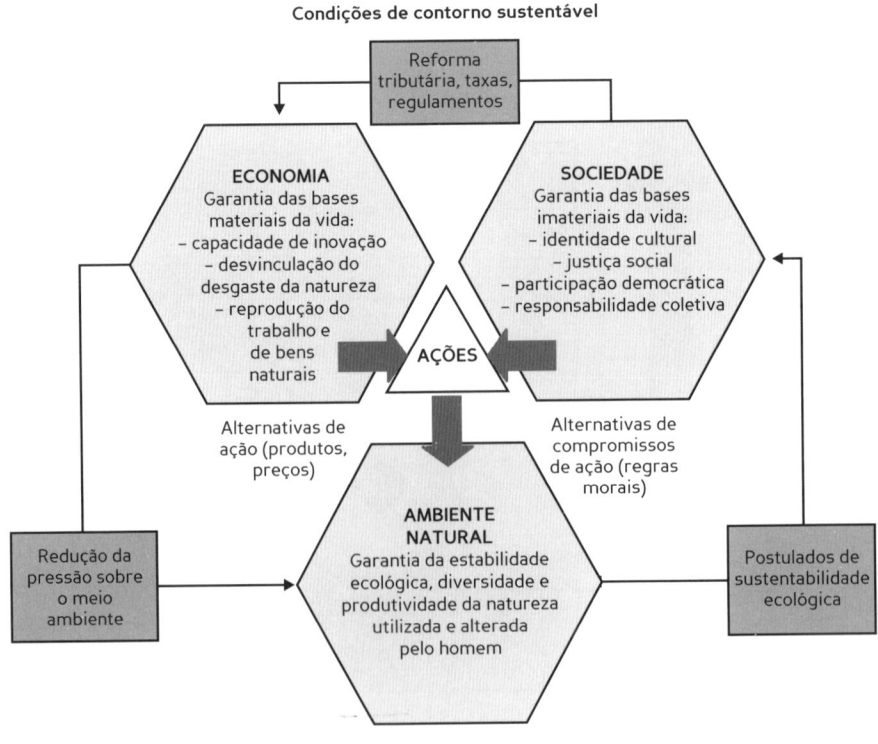

→ **FIGURA 1.2**
Inter-relações do desenvolvimento sustentável.

Para a maioria das corporações, a preocupação com as questões ambientais começa pela necessidade de adaptações a fim de atender a imposições regulatórias que exigem certos níveis de desempenho ambiental.

Considerando que obedecer aos regulamentos legais aplicáveis é uma atividade necessária, surgem, ainda, outros requisitos que fazem parte da conduta do negócio: financeiro, segurança do trabalhador, compromissos com clientes. Nesta fase, a atividade ambiental nas organizações tem seu direcionamento focado em ações para atenuar danos à saúde de trabalhadores e, também, em permitir a redução dos níveis de emissões, efluentes e resíduos.

São iniciados e mantidos inventários de monitoramento de emissões atuais e projetadas, buscando dados que demonstrem conformidade com regulamentos regionais e nacionais, objetivando demonstrar e assegurar que não existe qualquer violação, nem poderia existir em algum momento no futuro. Na área de gestão ambiental corporativa, o processo contínuo de assegurar conformidade com requisitos regulatórios é o primeiro passo, característico de um comportamento meramente reativo e direcionado apenas a ações *end of pipe*, e, por esse motivo, resulta apenas em agregação de custo aos processos.

Em uma segunda fase, são dirigidas atividades à tarefa de revisar produtos atuais e processos, para minimizar seus impactos ambientais, principalmente por aproximações simples e diretas, como melhorar o desempenho de processos e substituir materiais poluentes por outros que causem menos impacto. A escala de tempo típica para ações de prevenção da poluição e seus efeitos costuma ser em torno de 1 ou 2 anos. Ações peculiares incluem prevenção de vazamentos, conservação de energia, etc. Nenhuma mudança significativa é feita em produtos ou processos nesta fase, mas o modo como são fabricados é aperfeiçoado. Quase por definição, a fase de prevenção da poluição só está preocupada com atividades dentro dos portões da fábrica.

Nesta fase, geralmente se inicia a elaboração de fluxogramas de caracterização de processos. Uma vez estabelecido o padrão de fluxos de recursos, considerando balanços de massa, entradas de matérias-primas e insumos e a saída de produtos e resíduos, emissões e efluentes, assim como perdas de energia, melhorias podem ser feitas, buscando a otimização dos processos.

A melhoria de desempenho ambiental nesta fase pode ser feita pela incorporação de atividades de auditorias de desperdício de energia, de água ou de outros aspectos levantados, e os resultados dessas auditorias devem ser utilizados como base factual para monitorar o desempenho ambiental da organização.[10]

Ações requeridas nesta fase, em geral, não são designadas por agências reguladoras ou clientes, mas porque são de interesse das organizações por serem financeiramente recompensadoras. Esta fase pode ser considerada uma administração doméstica simples levada a seu nível mais alto, caracterizando o início da transição do comportamento reativo para o proativo.

Na terceira fase, é incorporado o conceito de *design* ambiental, descrito como um processo pelo qual um vasto espectro de considerações ambientais é tido como um passo rotineiro do desenvolvimento de processos e produtos. Geralmente os componentes que o descrevem não são requeridos por regulamentos e podem ou não representar incentivos financeiros. Porém, cada vez com mais frequência clientes exigem produtos que tenham demonstrado sua superioridade ambiental, e é o *design* ambiental a estrutura de desenvolvimento que pode fornecer acesso a esses mercados.

O *design* ambiental é conhecido como DfE (*design for environment*), e sua ferramenta mais simples é uma lista com características desejáveis e indesejáveis. Os itens dessa lista devem ser conhecidos pelo projetista de produtos e processos e empregados para ajudar na escolha correta de componentes, materiais ou tecnologias para evitar escolhas inaceitáveis. Manuais de orientação podem ajudar o projetista a evitar enganos e obter melhores resultados.

Outra ferramenta do DfE é uma lista de checagem de características pelo ponto de vista do produto ambientalmente responsável. Listas com esse propósito indicam que o produto deve:

- ser desenhado para ser durável
- ser fácil de consertar
- ser projetado de forma a poder ser reusado
- se não puder ser reusado, ser reciclável
- preferencialmente ter sido fabricado com materiais reciclados
- ter componentes simples de desmontar, em um processo de reciclagem
- evitar o uso de materiais tóxicos ou problemáticos sob o ponto de vista ambiental
- ser projetado para economizar energia ou outros recursos naturais
- utilizar matérias-primas ou componentes obtidos por processos ambientalmente adequados
- ser fabricado por um processo ambientalmente superior
- ter um desenho que reduza a necessidade de embalagens, etc.

Uma vez que um projeto seja finalizado, ou quase finalizado, pode ser usada a análise de ciclo de vida (ACV)[11] para uma avaliação completa de todas as considerações que devem ser analisadas no projeto de produtos ambientalmente superiores. Nesta fase, o comportamento proativo já pode ser observado pelo tipo de ações realizadas.

Na quinta fase, surge a ecologia industrial (EI), que é a maneira como a indústria pode, racional e deliberadamente, abordar e manter uma desejável capacidade de suporte (*carrying capacity*[12]), permitindo a continuidade da evolução econômica, porém considerando também a evolução cultural e tecnológica.

As ações propostas nesta fase buscam otimizar o ciclo produtivo, desde a matéria-prima, cada componente, embalagens, o produto final, a situação do produto obsoleto e sua disposição final. Nesse sentido, busca-se otimizar recursos, energia e capital em toda a cadeia produtiva.

No que diz respeito aos princípios norteadores da EI, deve-se destacar o seguinte:

1 Cada molécula que participa de um processo de manufatura específico deve torná-lo parte de um produto vendável.
2 Cada unidade de energia usada na manufatura deve produzir uma transformação de material desejável.
3 As indústrias devem utilizar o mínimo de energia em seus produtos e serviços.
4 As indústrias devem escolher uma ampla utilização de materiais não tóxicos ao planejarem seus produtos.
5 As indústrias devem obter a maioria dos materiais necessários por meio de reciclagem[13] (não só de seus próprios produtos como também dos de terceiros) em vez de utilizar a extração de matérias-primas, mesmo no caso dos materiais usuais.
6 Cada processo e produto deve ser projetado para preservar a utilidade portada pelos materiais usados (sistemas modulares e remanufatura).
7 Cada produto deve ser projetado de tal maneira que possa, ao final de sua própria vida útil, ser usado para criar outros produtos úteis.
8 Cada distrito industrial ou unidade fabril devem ser desenvolvidos, construídos ou modificados, dando atenção à manutenção ou à melhoria do hábitat local, à diversidade das espécies e à minimização dos impactos nos recursos locais ou regionais.
9 Cada empresa deve estreitar suas relações com fornecedores, clientes e representantes das demais empresas, com o intuito de desenvolver formas cooperativas para minimizar materiais de embalagens, promover a reciclagem e também a reutilização.

O uso da EI resultaria em uma interação benigna com o ambiente, porque otimiza todo o processo de manufatura, tanto de uma perspectiva social ampla como do ponto de vista financeiro da organização. Além disso, é relatado que a

EI tem como objetivo providenciar para que a repercussão das atuais decisões industriais seja considerada boa, mesmo daqui a 20 ou 30 anos, em uma análise estratégica a longo prazo.

Na sexta fase, ocorre o desenvolvimento industrial sustentável. No pensamento externalizado do World Busines Council for Sustainable Development (WBCSD),[14] o processo de desenvolvimento sustentável significa uma mudança de visão profunda na forma de agir das empresas. O desenvolvimento industrial sustentável é um processo de adaptação harmônica da empresa às mudanças de situação, de acordo com as necessidades emergentes da sociedade. A respeito disso, o WBCSD acrescenta que o papel das lideranças executivas é focalizar o contexto de novos pressupostos para promover a articulação da nova visão da empresa, o que só é possível com uma alta maturidade do comportamento ambiental proativo.

A criação e implementação da visão compartilhada para a ação, a partir de pressupostos de desenvolvimento sustentável, é estruturada segundo o modelo de compromisso empresarial e gestão da mudança. Nesse modelo, o compromisso organizacional com a visão compartilhada sobre desenvolvimento sustentável consolida-se com a integração dos aspectos ambientais em todas as atividades do negócio, sob a ótica de melhoria e inovação tecnológica. Se for compreendida como um contexto comum para a ação, ao contrário de uma simples *grande meta* ou de um quadro idealizado do futuro, essa visão pode propiciar a estrutura e as diretrizes para estimular a ação.

Conforme essa forma de pensar, portanto, as decisões dos negócios voltadas ao desenvolvimento sustentável podem atender positivamente tanto ao meio ambiente quanto à economia.

Talvez o único modelo correto para expressar a relação entre economia e ecologia corresponda a um modelo de interseção. Este explica que o conjunto das alternativas de decisão se divide em diferentes partes: as que estão em conflito e as que se complementam – há decisões e ações que fazem sentido em uma perspectiva econômica ou em uma ecológica, mas também há aquelas que fazem sentido em ambos os aspectos. O tamanho da interseção não é estático, mas dinâmico, e é modificado por ações empresariais ou de outros atores de interesse na questão. Constata-se inegavelmente uma tendência a aumento na interseção entre economia e ecologia nos últimos anos e décadas. O desenvolvimento industrial sustentável busca maximizar essa interseção, de forma a decidir por ações que representem medidas economicamente lucrativas e ecologicamente suportáveis, o que é ilustrado pela **Figura 1.3**.

Nesta fase, são incorporados princípios da ecoeficiência[15] que determinam os seguintes pressupostos de ação:

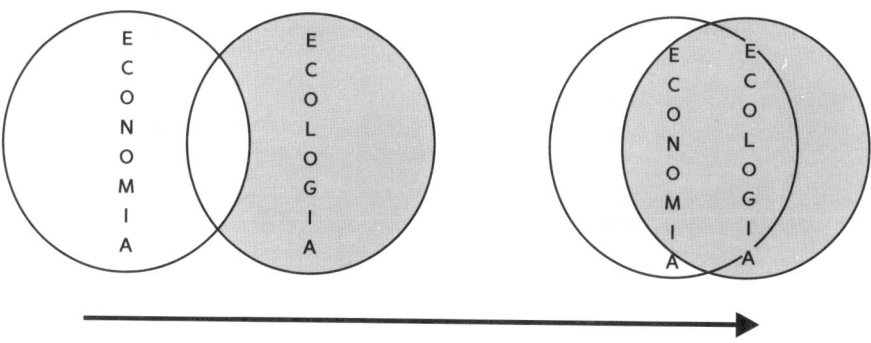

→ **FIGURA 1.3**
Modelo de interseção na relação economia-ecologia rumo ao desenvolvimento industrial sustentável.

1. Reconhecimento de que não pode haver crescimento econômico a longo prazo a menos que seja sustentável em termos de meio ambiente.
2. Confirmação de que todos os produtos, serviços e processos contribuem para um mundo sustentável.
3. Manutenção de credibilidade na sociedade, necessária à sustentação das operações da empresa.
4. Criação de um diálogo aberto com todos os parceiros, para identificar problemas e oportunidades e estruturar a credibilidade.
5. Proporcionar aos empregados um sentido para o que fazem, além do recebimento de salários, o que resulta no desenvolvimento das capacidades e no aumento da produtividade.
6. Manutenção da liberdade empresarial, por meio de iniciativas voluntárias, em vez de coerções reguladoras pelo Estado.

A visão do desafio ambiental compartilhada pelos que fazem o WBCSD está voltada para um horizonte muito além da prevenção da poluição. Essa compreensão advém de ideias que consideram a existência de iniciativas de empresas com metas de poluição zero para certas substâncias, em uma lógica similar às das iniciativas de zero defeito da qualidade total. Em suma, em uma economia sustentável, as necessidades mundiais, e não as carteiras de produto, é que determinarão em que tipos de negócios devemos entrar e quais os que teremos de abandonar.

Esta fase exige um comportamento ambiental amplamente proativo em detrimento de um comportamento reativo.[16] É preciso um passo além do estabelecimento de políticas de prevenção, envolvendo a necessidade de gerir de forma ativa as questões ambientais, e, de fato, esse é o caminho lógico que leva ao desenvolvimento sustentável.

➔ ABRANGÊNCIA E OBJETIVOS DO SGA E A ISO 14001

Conforme visto até aqui, as tarefas e as responsabilidades no setor ambiental das organizações ganharam muito em importância, tanto pelas contribuições dos legisladores como pelo aumento da complexidade dos problemas ambientais, o que gera dificuldades de orientação até mesmo para especialistas.

Como consequência, as organizações têm múltiplas tarefas e responsabilidades ambientais que geralmente surgem como medidas isoladas em virtude de desafios atuais ou mesmo de situações de emergência e que crescem, sobretudo a partir da segunda fase do esquema evolutivo proposto na **Figura 1.1**, gerando, em muitos casos, uma variedade de medidas ambientais distribuídas por vários cargos e responsáveis. O resultado geral, com frequência, não é nem muito sistemático nem eficiente.

É nesse cenário que deve ser considerada a necessidade do desenvolvimento dos sistemas de gestão ambiental (SGAs),[17] cujo objetivo é uma sistematização das ações voltadas ao meio ambiente, como também uma melhoria da eficiência do compromisso ambiental das organizações.

A Norma ISO 14001 (International Organization for Standardization, 2004),[18] em seu texto introdutório, diz que a gestão ambiental abrange uma vasta gama de questões, incluindo aquelas com implicações estratégicas e competitivas. Ela engloba, então, como parte da função gerencial total, todos os setores na organização necessários ao planejamento, à execução, à revisão e ao desenvolvimento de uma política ambiental.[19] A partir desse conceito derivam-se três características da gestão ambiental:

1 Componente integrante das discussões administrativas.
2 Expressão da vontade organizacional e das prioridades no setor ambiental.
3 Instrumento para introduzir e executar a política ambiental.

O destaque ISO 14001 pode ser mensurado pelo grande número de certificados emitidos no mundo para empresas que atendem aos requisitos dessa norma, conforme é apresentado nas **Tabelas 1.1, 1.2, 1.3, 1.4** e **1.5**.

A indústria de alimentos brasileira é responsável por quase 15% do faturamento do setor industrial e por empregar mais de 1 milhão de pessoas e tem

→ **TABELA 1.1**
HISTÓRICO DO NÚMERO DE CERTIFICADOS EMITIDOS, SEGUNDO A NORMA ISO 14001, AGRUPADOS POR MÊS E ANO SEGUNDO O SBAC* PARA EMPRESAS NACIONAIS E ESTRANGEIRAS

ANO	JAN	FEV	MAR	ABR	MAIO	JUN	JUL	AGO	SET	OUT	NOV	DEZ	TOTAL
2001	0	0	0	0	0	1	1	1	0	1	1	2	7
2002	0	0	2	1	3	0	0	1	0	1	1	2	11
2003	0	0	0	1	4	1	3	0	0	3	4	11	27
2004	4	3	6	11	10	2	5	2	1	5	7	6	62
2005	9	7	5	7	18	19	30	42	31	65	56	78	367
2006	95	42	109	79	93	103	75	76	41	33	48	44	838
2007	53	38	37	28	34	39	41	24	17	21	7	17	356
2008	19	5	16	5	21	19	15	10	9	6	8	11	144
2009	25	8	9	7	13	12	4	16	4	6	8	13	125
2010	26	6	7	6	6	6	2	7	4	7	2	9	88

* SBAC = Sistema brasileiro de avaliação da conformidade.
Fonte: Instituto Nacional de Metrologia, Qualidade e Tecnologia (2011).

conseguido seguir as tendências internacionais na área de produção. Segundo dados da Associação Brasileira das Indústrias de Alimentos (ABIA, 2011), existem no Brasil 39.700 estabelecimentos industriais formais de alimentos e bebidas, sendo 85,90% microempresas, 10,1% pequenas empresas, 3,20% empresas médias e 0,80% empresas de grande porte.

A produção de alimentos é um dos pilares da economia brasileira, seja por sua abrangência e essencialidade, seja pela rede de setores direta e indiretamente relacionados, como o agrícola, o de serviços e o de insumos, aditivos, fertilizantes, agrotóxicos, bens de capital e embalagens.

Para salientar a importância do segmento industrial alimentício no Brasil, ainda segundo dados da ABIA (2011), ele participa em cerca de 10% do Produ-

→ **TABELA 1.2**
HISTÓRICO DO NÚMERO DE CERTIFICADOS ISO 14001 EMITIDOS NO MUNDO, AGRUPADOS POR CONTINENTES SEGUNDO DADOS DA ORGANIZAÇÃO INTERNACIONAL PARA PADRONIZAÇÃO (ISO)

CONTINENTE	TOTAL DE CERTIFICADOS	%
América Central	109	0,1
África	1.094	0,8
América do Sul	4.246	3,3
América do Norte	7.673	5,9
Ásia	57.945	44,6
Europa	56.825	43,7
Oceania	2.146	1,6
Total	130.038	100

Fonte: Instituto Nacional de Metrologia, Qualidade e Tecnologia (2011).

to Interno Bruto (PIB), com um faturamento anual (líquido de impostos indiretos) em torno de 20,8 bilhões de reais para bebidas e 137 bilhões de reais para produtos alimentícios, sendo que a participação tem uma contribuição em ordem decrescente dos seguintes setores: derivados de carne; beneficiamento de café, chá e cereais; óleos e gorduras; lacticínios; derivados de trigo; açúcares, derivados de frutas e vegetais; chocolate, cacau e balas; e conservas de pescados.

Conclui-se que é um segmento economicamente importante e com impactos ambientais significativos, salientando que a economia brasileira tem como base o setor agrário e a produção de alimentos, e, conforme observado na **Tabela 1.5**, existem apenas 49 certificados ambientais na Norma ISO 14001 associados com empresas alimentícias e bebidas; então, se avaliarmos apenas na perspectiva das empresas de grande e médio porte, isso representa apenas ínfimos 3%, ou seja, há bastante espaço a ser trabalhado.

→ **TABELA 1.3**
HISTÓRICO DO NÚMERO DE CERTIFICADOS ISO 14001 EMITIDOS NA AMÉRICA DO SUL, AGRUPADOS POR PAÍSES SEGUNDO DADOS DA ORGANIZAÇÃO INTERNACIONAL PARA PADRONIZAÇÃO (ISO)

PAÍSES DA AMÉRICA DO SUL	TOTAL DE CERTIFICADOS	%
Argentina	862	20,30
Bolívia	30	0,71
Brasil	2.447	57,63
Chile	375	8,83
Colômbia	296	6,97
Equador	50	1,18
Guiana	2	0,05
Paraguai	4	0,09
Peru	83	1,95
Suriname	1	0,03
Uruguai	45	1,06
Venezuela	51	1,20
Total	**4.246**	**100**

Fonte: Instituto Nacional de Metrologia, Qualidade e Tecnologia (2011).

→ **TABELA 1.4**
HISTÓRICO DO NÚMERO DE UNIDADES DE NEGÓCIOS QUE OBTIVERAM CERTIFICAÇÃO ISO 14001, AGRUPADAS POR ESTADO, EMITIDAS SEGUNDO O SBAC PARA EMPRESAS NACIONAIS E ESTRANGEIRAS

ESTADOS DA FEDERAÇÃO	TOTAL
Alagoas	3
Amapá	1
Amazonas	23
Bahia	30
Ceará	7
Distrito Federal	2
Espírito Santo	10
Goiás	4
Mato Grosso	2
Minas Gerais	51
Pará	8
Paraíba	3
Paraná	58
Pernambuco	5
Piauí	1
Rio de Janeiro	38
Rio Grande do Norte	2
Rio Grande do Sul	31
Santa Catarina	32
São Paulo	296

Fonte: Instituto Nacional de Metrologia, Qualidade e Tecnologia (2011).

→ **TABELA 1.5**
NÚMERO DE CERTIFICAÇÕES ISO 14001 VÁLIDAS, AGRUPADAS POR CÓDIGO DO INTERNATIONAL ACCREDITATION FORUM (IAF), CONCEDIDAS DENTRO DO SBAC PARA EMPRESAS NACIONAIS E ESTRANGEIRAS

CÓDIGO IAF	DESCRIÇÃO	TOTAL
27	Abastecimento de água	2
26	Abastecimento de gás	2
36	Administração pública	0
21	Aeroespacial	4
1	Agricultura, pesca	6
3	Alimentos, bebidas e fumo	43
14	Borrachas e produtos plásticos	29
11	Combustível nuclear	0
29	Comércio atacado e varejo; reparos de automóveis e motociclos; e bens pessoais e domésticos	17
16	Concreto, cimento, cal, gesso, etc.	11
28	Construção civil	14
20	Construção naval	0
5	Couro e produtos de couro	1
8	Editoras	0
37	Educação	2
9	Empresas de impressão	5
19	Equipamentos óticos e elétricos	36
10	Fabricação de coque e produtos refinados de petróleo	6
23	Fabricações não classificáveis	1

→

→ **TABELA 1.5** (continuação)
NÚMERO DE CERTIFICAÇÕES ISO 14001 VÁLIDAS, AGRUPADAS POR CÓDIGO DO INTERNATIONAL ACCREDITATION FORUM (IAF), CONCEDIDAS DENTRO DO SBAC PARA EMPRESAS NACIONAIS E ESTRANGEIRAS

CÓDIGO IAF	DESCRIÇÃO	TOTAL
13	Farmacêuticos	7
30	Hotéis e restaurantes	1
32	Intermediação financeira; bens imóveis; locação	2
6	Madeira e produtos de madeira	7
18	Máquinas e equipamentos	17
17	Metais básicos e produtos metálicos fabricados	108
2	Mineração e extrativismo	14
22	Outros equipamentos de transporte	50
35	Outros serviços	20
39	Outros serviços sociais	13
7	Polpa, papel e produtos de papel	7
15	Produtos minerais não metálicos	7
12	Química, produtos químicos e fibras	83
24	Reciclagem	4
38	Saúde e serviço social	1
34	Serviços de engenharia	20
25	Suprimento de energia elétrica	17
33	Tecnologia da informação	10
4	Têxteis e produtos têxteis	12
31	Transporte, armazenagem e comunicação	56

Fonte: Instituto Nacional de Metrologia, Qualidade e Tecnologia (2011).

→ **NOTAS**

[1] Circunvizinhança em que uma organização opera, incluindo ar, água, solo, recursos naturais, flora, fauna, seres humanos e suas inter-relações.

[2] Atualmente, a principal ferramenta de escolha de ações de empresas com responsabilidade social e ambiental é o Índice Dow Jones de Sustentabilidade (DJSI, em Inglês *Dow Jones Sustainability Indexes*). O DJSI foi lançado em setembro de 1999 pela Dow Jones e a Sustainability Asset Management (SAM), gestora de recursos da Suíça especializada em empresas comprometidas com a responsabilidade social e ambiental. O índice é formado por 312 ações de empresas em 26 países, e quatro brasileiras integram a lista: Itaú, Unibanco, Embraer e Cemig.

[3] Desempenho ambiental são os resultados mensuráveis da gestão de uma organização sobre seus aspectos ambientais.

[4] Ecologia é o estudo das interações dos seres vivos entre si e com o meio ambiente. Palavra que tem origem no grego "oikos", que significa casa, e "logos", estudo. Por extensão seria o estudo da casa ou, de forma mais genérica, do lugar onde se vive. Na ecologia não se estudam apenas seres vivos isoladamente, mas as interações entre eles, e entre eles e o meio que os cerca.

[5] Recursos naturais são tudo aquilo que o homem retira do meio ambiente e utiliza para sua sobrevivência, bem-estar e progresso. Pode-se, por exemplo, ter recursos hídricos como a água de poços, lagos, rios, usados para irrigar, para gerar energia ou para matar a sede. Os recursos naturais podem ser renováveis, ou seja, aqueles que, se usados de forma sustentável, se renovam, esse é o caso dos animais, dos vegetais e da água; e não renováveis, dos quais há reservas limitadas, como os minerais ouro, cobre, ferro, carvão mineral e petróleo; ou inesgotáveis, como a energia solar ou a força dos ventos.

[6] O ecodesenvolvimento é um processo criativo de transformação do meio com a ajuda de técnicas ecologicamente corretas e prudentes, concebidas em função das potencialidades desse meio. Busca-se o desenvolvimento sem agressão ao meio ambiente. No ecodesenvolvimento, objetiva-se impedir o desperdício dos recursos naturais, com cuidado para que sejam empregados de forma a obter o seu melhor uso e com baixos impactos ambientais, considerando também a satisfação das necessidades das partes interessadas no meio em questão.

[7] Prevenção da poluição é o uso de processos, práticas, técnicas, materiais, produtos, serviços ou energia para evitar, reduzir ou controlar, de forma separada ou combinada, a geração, emissão ou descarga de qualquer tipo de poluente ou rejeito, para reduzir os impactos ambientais adversos. A prevenção da poluição pode incluir redução ou eliminação de fontes de poluição; alterações de processos, produtos ou serviços; uso eficiente de

recursos, materiais; e substituição de energia, reutilização, recuperação, reciclagem, regeneração e tratamento.

[8] Ecologia industrial é uma abordagem da relação entre a indústria e o meio ambiente que vem sendo desenvolvida especialmente nos países industrializados, como Estados Unidos e alguns países da Comunidade Europeia, como Alemanha e França, e no Japão. No Brasil, a ecologia industrial é ainda um tema pouco conhecido no meio acadêmico e, principalmente, no meio empresarial. Ela visa analisar o sistema industrial de modo integrado, considerando o envolvimento com o meio biofísico, assim como o ecossistema em que se insere. Por ter visão integrada de todo o sistema, incluindo a componente ambiental, a otimização dos processos não se limita apenas aos aspectos econômicos, mas abrange as áreas de recursos naturais e o próprio ecossistema, enquadrando-se nas políticas de desenvolvimento sustentável.

[9] Desenvolvimento sustentável, segundo a Comissão Mundial sobre Meio Ambiente e Desenvolvimento (CMMAD) da Organização das Nações Unidas, é um conjunto de processos e atitudes que atende às necessidades presentes sem comprometer a possibilidade de que as gerações futuras satisfaçam as suas próprias necessidades. A ideia deriva inicialmente do relatório elaborado pelo MIT para o chamado Clube de Roma, fundado por Aurelio Peccei, intitulado *Os limites do crescimento*, e, posteriormente, do conceito de ecodesenvolvimento, proposto por Maurice Strong e Ignacy Sachs, durante a Primeira Conferência das Nações Unidas sobre Meio Ambiente e Desenvolvimento em 1972 em Estocolmo, que deu origem ao Programa das Nações Unidas para o Meio Ambiente (PNUMA). O conceito foi definitivamente incorporado como princípio durante a Conferência das Nações Unidas sobre Meio Ambiente e Desenvolvimento, a Cúpula da Terra, de 1992, no Rio de Janeiro. A Declaração de Política de 2002 da Cúpula Mundial sobre desenvolvimento sustentável, realizada em Joanesburgo, afirma que o desenvolvimento sustentável é construído sobre "três pilares interdependentes e mutuamente sustentadores – desenvolvimento econômico, desenvolvimento social e proteção ambiental".

[10] Organização deve ser entendida como empresa, corporação, firma, empreendimento, autoridade ou instituição, ou parte de uma combinação desses, incorporada ou não, pública ou privada, que tenha funções e administração próprias. Para organizações com mais de uma unidade operacional, cada unidade isolada pode ser definida como uma organização.

[11] A avaliação, ou análise do ciclo de vida (ACV), é uma técnica empregada na análise dos aspectos ambientais e na avaliação dos impactos potenciais associados ao ciclo de vida de um produto, processo ou serviço. Como instrumento de tomada de decisão, compreende fundamentos para o desenvolvimento e a melhoria de produtos, o *marketing* ambiental e a comparação de diferentes opções de produtos e/ou materiais. A ACV enfoca desde a extração de matérias-primas, passando pelas etapas de transporte, produção, distribuição e utilização, até a destinação final. Por meio da quantificação e caracterização dos fluxos elementares de entrada e saída de matéria e energia e pela agregação em

categorias de impacto selecionadas, torna-se possível compreender o impacto ambiental de uma sistema de produto. A ACV ajuda, ainda, na identificação de possíveis melhorias ao longo do ciclo de vida do produto e no fornecimento de dados ambientais complementares e informações úteis para as tomadas de decisão.

[12] *Carrying capacity* é o número máximo de indivíduos de uma espécie que um habitat tem capacidade de suportar. Trata-se de um conceito importante em ecologia e é determinado por vários fatores, incluindo a quantidade de alimento disponível, o espaço, a luz e o grau de competição, doenças, predação e acúmulo de resíduos. Esses fatores inibem o crescimento da população de uma espécie além de um determinado ponto dentro do hábitat, fazendo com que, ao chegar a esse ponto, ela se estabilize, flutuando dentro de números limitados. Qualquer aumento nesse limite depende da capacidade do animal ou da planta de reduzir o tamanho de seu corpo. A competição por comida e espaço em um hábitat superpovoado frequentemente produz indivíduos menores, que reproduzem menos.

[13] Na reciclagem, trata-se um material usado como sendo um resíduo, como matéria-prima para a fabricação desse mesmo material em estado novo, convertendo-o ao seu estado original. É o caso, por exemplo, de vidro, papel, papelão, plástico e diversos metais que podem ser reciclados, ou seja, quando descartados como resíduos, podem entrar na composição de materiais novos.

[14] O World Business Council for Sustainable Development (WBCSD; Conselho Empresarial Mundial para o Desenvolvimento Sustentável) foi criado em 1999 e tem sua sede na Suíça. É, hoje, uma coligação de 175 empresas internacionais unidas por um compromisso comum para com os princípios do desenvolvimento sustentável. Concilia três pilares: 1) o crescimento econômico, 2) o equilíbrio ecológico e 3) o progresso social. Os membros do WBCSD são oriundos de mais de 30 países e de 20 dos principais setores industriais. A organização se beneficia, ainda, de uma rede global de 40 conselhos empresariais de âmbitos nacional e regional, localizados, principalmente, em zonas do mundo em fase de desenvolvimento.

[15] A ecoeficiência pode ser entendida como a competitividade na produção e colocação no mercado de bens e/ou serviços que satisfazem às necessidades humanas, trazendo qualidade de vida, minimizando os impactos ambientais e o uso de recursos naturais. Assim, trata-se de produzir mais com menos, utilizando menos recursos naturais e energia no processo produtivo, reduzindo o desperdício e os custos de produção e operação.

[16] Comportamento reativo e proativo: comportamento reativo é aquele em que as organizações apenas abdicam de decidir acerca de como a organização deveria manejar as questões ambientais em favor de forças institucionais coercivas. Ações ambientais não são realizadas até que sejam impostas externamente, e visam apenas manter a conformidade com as regulamentações ambientais e com práticas industriais aceitas; comportamento proativo é aquele em que as organizações adotam as estratégias ambientais para criar

vantagem competitiva. As estratégias ambientais dessas empresas buscam não apenas administrar a imagem, a identidade e a reputação organizacionais, mas também obter vantagens por agir na formação de padrões e regulações industriais em um domínio incrementalmente importante. Os administradores de empresas proativas veem as estratégias ambientais como fonte de melhoria da imagem corporativa, de diferenciação de produtos, redução de custos, melhoria na produtividade e de inovação por meio da reengenharia de vários processos operacionais.

[17] SGA é a parte de um sistema da gestão de uma organização utilizada para desenvolver e implementar sua política ambiental e para gerenciar seus aspectos ambientais.

[18] A ISO 14001 é uma norma para os sistemas de gestão ambiental voltada para empresas que se preocupam com a preservação do meio ambiente de forma responsável. Objetiva garantir a gestão eficiente e eficaz dos assuntos ambientais, pois possibilita identificar, priorizar e gerenciar os aspectos e os impactos ambientais, além do atendimento de requisitos legais. Atualmente, no mundo inteiro, empresas e países estão impondo a seus fornecedores, sobretudo dos seguimentos de química, petroquímica, papel e celulose, que sejam certificados pela ISO 14001. A finalidade dessa norma é promover a proteção ambiental e a prevenção da poluição resultante das necessidades socioeconômicas.

[19] Política ambiental são as intenções e os princípios gerais de uma organização em relação a seu desempenho ambiental, conforme expresso pela alta administração. A política ambiental deve prever uma estrutura para ação e definição de seus objetivos e metas ambientais.

CAPÍTULO 2

NORMA ISO 14001

As normas da série ISO 14000 foram estabelecidas quando foi percebida uma crescente necessidade de se ter um controle e acompanhamento das atividades industriais quanto à proteção ambiental. Essa série de normas foi desenvolvida pela Comissão Técnica 207 da ISO[1] (TC 207) como resposta à demanda mundial por uma gestão ambiental mais confiável, na qual o meio ambiente foi introduzido como uma variável importante na estratégia dos negócios.

Porém, a história das certificações ambientais começa um pouco antes, com o desenvolvimento da norma britânica BS 7.750,[2] que tratava do gerenciamento ambiental visando atender às exigências daquele país.

A série de normas ISO 14000 estabelece diretrizes para gestão ambiental, e, ainda que existam as normas relativas aos produtos, como a família ISO 14040,[3] que trata da avaliação do ciclo de vida do produto, ou a família 14020,[4] que trata sobre rotulagem ambiental, a grande divulgação no Brasil ainda é relativa ao gerenciamento ambiental, isto é, à Norma ISO 14001.

A ISO 14004 consiste em diretrizes gerais sobre princípios, sistemas e técnicas de apoio. Apresenta de forma global os SGAs e estimula o planejamento ambiental ao longo do ciclo de vida do produto ou do processo, o que é de suma importância, visto que um dos componentes do sistema de gestão é o planejamento das atividades da organização para atingir as metas[5] e os objetivos ambientais.[6]

Essa norma, referente a Sistemas de Gestão Ambiental – Requisitos com Orientações para Uso (*Environmental management systems – Requirements with guidance for use*), como diz seu texto introdutório (Associação Brasileira de Normas Técnicas, 1996), tem o objetivo de fornecer, às organizações, os elementos de um SGA eficaz, passível de integração com outros requisitos de gestão, de forma a auxiliá-las a alcançar seus objetivos ambientais e econômicos.

Os objetivos e o campo de aplicação da norma ISO 14001 são transcritos no **Quadro 2.1**.

Resumidamente, a Norma ISO 14001 é o documento base, no qual estão prescritas a estrutura e as exigências mínimas de um SGA. Ela constitui um fundamento para organização e manutenção, na auditoria e na certificação desse sistema.

Com o avanço da ISO 14001, vigente mundialmente, pela primeira vez a gestão ambiental organizacional é abrangida por uma norma geral que a torna passível de certificação.

Se, até este momento, os SGAs tinham sido desenvolvidos e introduzidos principalmente por empresas pioneiras do ponto de vista ambiental, com considerável esforço financeiro, agora a normalização abre a possibilidade de estendê--los para todos os setores da economia com custos suportáveis.

➔ ESTRUTURA DO SGA DE ACORDO COM A NORMA ISO 14001

O texto introdutório da Norma ISO 14001 (International Organization for Standardization, 2004) relata que muitas organizações têm efetuado "análises" ou "auditorias" ambientais a fim de avaliar seu desempenho ambiental. No entanto, por si só, tais "análises" e "auditorias" podem não ser suficientes para proporcionar a uma organização a garantia de que seu desempenho não apenas atenda, mas continuará a atender, aos requisitos legais e aos de sua própria política. Para que sejam eficazes, é necessário que esses procedimentos[7] sejam conduzidos no contexto de um sistema de gestão estruturado e integrado ao conjunto das atividades de gestão. A norma, portanto, especifica os requisitos de tal sistema de gestão ambiental.

A estrutura dos requisitos da Norma ISO 14001 direciona a um processo de melhoria contínua,[8] no qual o modelo de SGA, que pode ser visto na **Figura 2.1**, tem semelhanças com o Círculo PDCA (*Plan – Do – Check – Act*). Assim, a base estrutural dos itens dessa norma se sobressai na forma do Círculo PDCA, que é um modelo fundamental para processos de automelhoria e aprendiza-

> **QUADRO 2.1**
> OBJETIVOS E CAMPO DE APLICAÇÃO

OBJETIVO

Esta Norma especifica os requisitos relativos a um sistema de gestão ambiental, permitindo a uma organização desenvolver e implementar uma política e objetivos que levem em conta os requisitos legais e outros requisitos por ela subscritos e informações referentes aos aspectos ambientais significativos. Aplica-se aos aspectos ambientais que a organização identifica como aqueles que possa controlar e aqueles que possa identificar. Em si, esta Norma não estabelece critérios de desempenho ambiental.

Esta Norma se aplica a qualquer organização que deseje

a) estabelecer, implementar, manter e aprimorar um sistema de gestão ambiental,

b) assegurar-se da conformidade com sua política ambiental definida,

c) demonstrar conformidade com esta Norma ao

   1) fazer uma autoavaliação ou autodeclaração, ou

   2) buscar confirmação de sua conformidade por partes que tenham interesse na organização, tais como clientes, ou

   3) buscar confirmação de sua declaração por meio de uma organização externa, ou

   4) buscar certificação/registro de seu sistema da gestão ambiental por uma organização externa.

Todos os requisitos desta Norma se destinam a ser incorporados em qualquer sistema da gestão ambiental. A extensão da aplicação dependerá de fatores tais como a política ambiental da organização, a natureza de suas atividades, produtos e serviços, o local e as condições nas quais o sistema funciona.

Fonte: International Organization for Standardization (2004).

gem, nos quais são constatadas as não conformidades[9] e acionadas as ações corretivas.

Porém, alcançar as metas não é suficiente. Os requisitos para aperfeiçoamento constante contidos na norma exigem mais; por isso, um processo de desenvolvimento continuado do SGA e do desempenho ambiental deve ser introduzido e corretamente mantido.

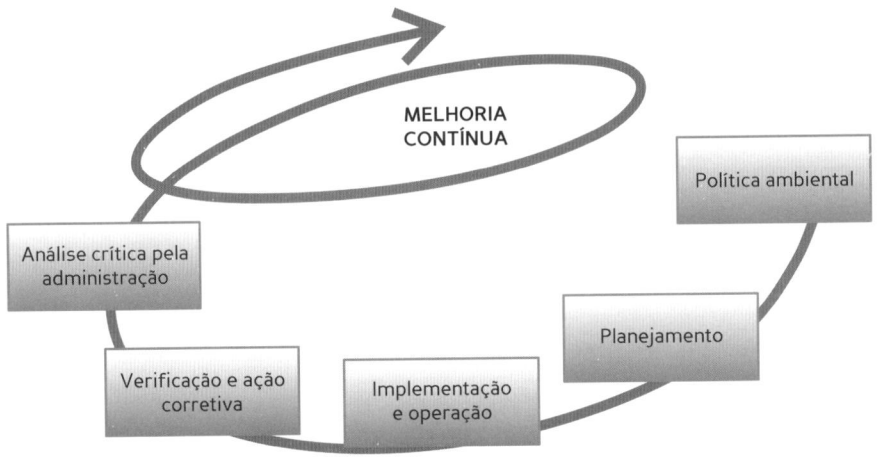

→ **FIGURA 2.1**
Modelo de sistema de gestão ambiental para a Norma ISO 14001.

Fonte: International Organization for Standardization (2004).

→ REQUISITOS DA NORMA ISO 14001

Os requisitos do SGA da Norma ISO 14001 estão em seu item 4 e dividem-se em seis elementos estruturais relacionados entre si. No **Quadro 2.2** são transcritos os tópicos dessa norma.

→ BENEFÍCIOS DA IMPLANTAÇÃO DE UM SISTEMA DE GESTÃO AMBIENTAL

Existem benefícios estratégicos e econômicos advindos da implantação de um SGA. Ainda que existam dificuldades para estimá-los, especialmente quanto à questão financeira, estes podem ser detectados. O **Quadro 2.3** mostra quais são esses benefícios na visão deste autor.

É verdade que a proteção ambiental custa dinheiro, mas é verdade, da mesma forma, que a renúncia à proteção ambiental também tem um custo, e frequentemente ele é maior.

> **QUADRO 2.2**
> **REQUISITOS DE UM SISTEMA DE GESTÃO AMBIENTAL**
>
> - Requisitos gerais
> - Política ambiental
> - Planejamento
>   - Aspectos ambientais
>   - Requisitos legais e outros
>   - Objetivos, metas e programa(s)
> - Implementação e operação
>   - Recursos, funções, responsabilidades e autoridades
>   - Competência, treinamento e conscientização
>   - Comunicação
>   - Documentação
> - Controle de documentos
> - Controle operacional
> - Preparação e resposta a emergências
> - Verificação
>   - Monitoramento e medição
>   - Avaliação do atendimento a requisitos legais e outros
>   - Não conformidade, ação corretiva e ação preventiva
>   - Controle de registros
>   - Auditoria interna
> - Análise pela administração
>
> **Fonte:** International Organization for Standardization (2004).

CRÍTICAS À NORMA ISO 14001

É óbvio que também existem críticas relativas à contribuição efetiva da implementação de um SGA baseado na Norma ISO 14001 para a garantia de melhorias reais em relação ao meio ambiente.

É necessário lembrar que os problemas ambientais representam um déficit do homem com relação ao meio ambiente, e suas ações para recuperar essa deficiência requerem urgência, pois muitas vezes o que está destruído não pode mais ser recuperado. Também é preciso lembrar que as mudanças organizacionais no sentido de incluir a variável ambiental em práticas gerenciais também são recentes. Portanto, as críticas são perfeitamente bem-vindas em um sistema ainda em formação e em mudanças sociais e econômicas correntes.

As críticas relativas à implantação dos SGAs referem-se ao fato de que a gestão pode se comprometer a fazer determinadas modificações já consideradas tardias em relação aos problemas ambientais enfrentados. Além disso, atuar nos limites da sustentabilidade é mais difícil, pois depende da disponibilidade de tecnologias apropriadas, consenso social e novo sistema de valores com base em critérios de qualidade que sejam ambientalmente sustentáveis, socialmente aceitáveis e culturalmente valorizados.

→ **QUADRO 2.3**
BENEFÍCIOS ECONÔMICOS E ESTRATÉGICOS DA GESTÃO AMBIENTAL

BENEFÍCIOS ECONÔMICOS

Economia de custos:

- Economia devido a redução do consumo de água, energia e outros insumos.
- Economia devido a reciclagem, venda e aproveitamento de resíduos e diminuição de efluentes.
- Redução de multas e penalidades por poluição.

Incremento de receitas:

- Aumento da contribuição marginal de "produtos verdes", que podem ser vendidos a preços mais altos.
- Aumento da participação no mercado devido a inovação dos produtos e menos concorrência.
- Linhas de novos produtos para novos mercados.
- Aumento da demanda de produtos que contribuam para a diminuição da poluição.

BENEFÍCIOS ESTRATÉGICOS

- Melhoria da imagem institucional.
- Renovação do portfólio de produtos.
- Aumento da produtividade.
- Alto comprometimento do pessoal.
- Melhoria nas relações com grupos de interesse.
- Melhoria e criatividade para novos desafios.
- Melhoria das relações com órgãos governamentais, comunidade e grupos ambientalistas:
    - Acesso assegurado ao mercado externo.
    - Melhor adequação aos padrões ambientais.

É certo que muito ainda se deve evoluir para que as indústrias atinjam um estágio que permita o desenvolvimento sustentável. E essa evolução não é uma prerrogativa apenas das empresas, mas também de governos, cidades, etc.

Outra crítica ao SGA resultante da Norma ISO 14001 é que sua implantação poderá se tornar mais um sistema administrativo (burocrático) do que tecnologicamente efetivo. Mas é preciso salientar que, nesse caso, o problema não é a norma em si, mas o uso que foi feito dela, pois cabe a cada gestor escolher entre fazer um sistema efetivo ou um sistema de importância irrelevante concreta ao meio ambiente.

Apesar da importância dessas críticas, e considerando que um princípio básico de um SGA é realizar aquilo que mais se compatibiliza com a realidade da organização, ficando a critério da empresa a estruturação do SGA a ser implantado, seu objetivo maior, seja qual for a estrutura desse sistema, é se colocar ante clientes e sociedade como uma empresa comprometida com os anseios do desenvolvimento sustentável.

Sendo assim, deve buscar objetivos como redução de geração de resíduos e efluentes prejudiciais, produtos e processo menos poluentes, etc. Na pior das hipóteses, pode-se considerar que a implantação da Norma ISO 14001 por uma empresa seja pelo menos uma carta de boas intenções para com o meio ambiente e que o processo de melhoria contínuo imposto por essa norma possa, aos poucos, propiciar ações mais relevantes.

Entretanto, a implantação dessa norma é uma atitude voluntária, e buscar melhorias voltadas ao meio ambiente é agradável; assim, mesmo que no início o procedimento seja mais superficial, após algumas rodadas do PDCA em um processo de melhoria contínua, as ações voltadas para as questões ambientais se tornarão mais substanciais, mais assertivas. De outra forma, não faria muito sentido uma organização adotá-la como prática, especialmente considerando que, devido à necessidade de análises críticas periódicas, esse tema deverá fazer parte da pauta das discussões executivas.

MACROANÁLISE DOS ELEMENTOS DE SGA

Para compreender a lógica inserida na estrutura da ISO 14001, é importante iniciar por uma macroanálise dos elementos dessas normas em relação ao ciclo PDCA. Essa macroanálise é realizada com base no **Quadro 2.4**.

O ciclo do PDCA, também chamado ciclo de Deming, pois foi introduzido nos processos organizacionais das empresas por W. E. Deming, é atualmente a base estrutural das normas para sistemas de gestão.

O PDCA é aplicado para que resultados sejam atingidos em um sistema de gestão e pode ser utilizado em qualquer empresa, independentemente de sua área de atuação, de forma a garantir o sucesso nos negócios.

O ciclo começa pelo planejamento; em seguida, a ação ou o conjunto de ações planejadas é executado; checa-se se o que foi feito estava de acordo com o planejado, de forma constante e repetida (ciclicamente); e realiza-se ação para eliminar ou ao menos mitigar defeitos no produto ou na execução.

→ **QUADRO 2.4**
MACROANÁLISE DOS ELEMENTOS DO SGA

PLAN – PLANEJAMENTO

Escopo	Definir a abrangência do sistema de gestão ambiental.
Política	Definir a política ambiental.
Requisitos legais e outros requisitos	Identificar obrigações legais referentes às questões ambientais (legislação ambiental) que devem ser cumpridas pela organização.

DO – EXECUÇÃO

Identificação de perigos e controle operacional	Identificar aspectos ambientais que possam causar impactos ambientais significativos e planejar medidas para seu controle.
Objetivos, metas e programas	Da política ambiental, do levantamento de aspectos ambientais e impactos correlacionados e do levantamento de aspectos legais devem derivar ações concretas (programas ambientais) que serão gerenciadas via objetivos e metas.
Recursos	Disponibilizar recursos humanos, tecnológicos e financeiros para o SGA.
Competência, treinamento e conscientização	Providenciar que os empregados envolvidos com o funcionamento do SGA tenham a competência e a conscientização necessárias.
Comunicação	Proporcionar mecanismos para comunicação com empregados e partes interessadas.
Documentação	Providenciar a documentação necessária ao adequado funcionamento do SGA.
Controle de documentos	Garantir a adequação, a identificação e a manutenção dos documentos do SGA.
Controle de registros	Garantir que os registros do SGA sejam mantidos e recuperados quando necessário.
Emergências	Estar preparado para prevenir e mitigar eventuais acidentes ambientais. →

→ **QUADRO 2.4** (continuação)
MACROANÁLISE DOS ELEMENTOS DO SGA

CHECK - VERIFICAÇÃO	
Monitoramento e medição	Medir e monitorar o SGA para garantir sua adequação e eficácia.
Auditoria interna	Auditar o SGA para garantir o cumprimento dos requisitos da ISO 14001 e aqueles preestabelecidos pela organização.

ACT - AÇÃO	
Ação corretiva e preventiva	Realizar ações para corrigir não conformidades identificadas no SGA – reativo.
Melhoria contínua	Realizar ações para melhorar o desempenho do SGA – proativo.
Análise crítica pela administração	Análise do SGA visando melhorias sistêmicas.

Os passos são os seguintes:

- *Plan* (planejamento): estabelecer uma meta ou identificar o problema (um problema significa aquilo que impede o alcance dos resultados esperados, ou seja, o alcance da meta); analisar o fenômeno (analisar os dados relacionados ao problema); analisar o processo (descobrir as causas fundamentais dos problemas); e elaborar um plano de ação.
- *Do* (execução): realizar, executar as atividades conforme o plano de ação.
- *Check* (verificação): monitorar e avaliar periodicamente os resultados; avaliar processos e resultados, confrontando-os com o planejado, os objetivos, as especificações e o estado desejado, consolidando as informações, algumas vezes confeccionando relatórios. Atualizar ou implantar a gestão à vista.

- *Act* (ação): agir de acordo com o avaliado e conforme os relatórios, eventualmente determinar e confeccionar novos planos de ação, de forma a melhorar a qualidade, a eficiência e a eficácia, aprimorando a execução e corrigindo possíveis falhas.

A norma por si só já é estruturada em um formato compatível com o ciclo PDCA; contudo, para melhor adaptar à metodologia exposta neste livro, um rearranjo é efetuado conforme exposto no **Quadro 2.4**.

➔ **NOTAS**

[1] A International Organization for Standardization (ISO), organização internacional com grande prestígio no que tange ao acompanhamento de assuntos relativos à qualidade, com o sucesso das normas da série ISO 9000, é grande responsável pela realização e pelo desenvolvimento dessas normas.

[2] A Norma BS 7.750 foi emitida pelo Instituto Britânico de Normatização (BSI), tendo sua primeira versão publicada em 1992. Essa norma especifica os requisitos para o desenvolvimento, a implantação e a manutenção de sistemas de gestão ambiental que visem garantir o cumprimento de políticas e objetivos ambientais definidos e declarados. Ela não estabelece critérios de desempenho ambiental específicos, mas exige que as organizações formulem políticas e estabeleçam objetivos, levando em consideração a disponibilização das informações sobre efeitos ambientais significativos. A BS 7.750 aplica-se a qualquer organização que deseje: 1) garantir o cumprimento de uma política ambiental estabelecida; e 2) demonstrar esse cumprimento a terceiros. A elaboração da norma britânica BS 7.750 foi confiada a um Comitê Técnico Especial (ESS/1), no qual inúmeras organizações empresariais, técnicas, acadêmicas e governamentais estavam representadas pelo Comitê Normativo de Gerenciamento Ambiental. Essa norma foi formulada de modo a permitir que qualquer organização, independentemente de seu porte, sua atividade ou localização, estabeleça um sistema de gerenciamento efetivo, como alicerce para um desempenho ambiental seguro e para os procedimentos de auditoria ambiental. A BS 7.750 declara que os aspectos da gestão de saúde ocupacional e segurança não foram abordados. Entretanto, não visa impedir que uma organização os inclua ou integre em seu SGA. Vale observar que a norma foi formulada com o propósito de que o SGA não precise ser implementado de forma independente, mas por meio da adaptação dos componentes do gerenciamento de uma organização.

[3] A avaliação do ciclo de vida e as normas da família ISO 14040 podem e devem ser usadas como ferramentas de apoio ao planejamento do sistema de gestão. É nesse contexto que a ACV, uma ferramenta focalizada nos produtos ou serviços, é utilizada de maneira

complementar aos sistemas de gestão ambiental. A abordagem do desenvolvimento de produtos ou serviços considerando os conceitos de ciclo de vida (chamado de Life Cycle Thinking) é uma ferramenta poderosa que pode subsidiar o processo de planejamento da empresa e sua consistência. 1) ISO 14040 – Princípios e estrutura: Essa norma especifica a estrutura geral, os princípios e requisitos para conduzir e relatar estudos de avaliação do ciclo de vida, não incluindo as técnicas dessa avaliação em detalhes. 2) ISO 14041 – Definições de escopo e análise do inventário: Essa norma explica como o escopo deve ser suficientemente bem-definido para assegurar que a extensão, a profundidade e o grau de detalhe do estudo sejam compatíveis e suficientes para atender ao objetivo estabelecido. Da mesma forma, a norma orienta como realizar a análise do inventário, que envolve a coleta de dados e procedimentos de cálculo para quantificar as entradas e saídas pertinentes de um sistema de produto. 3) ISO 14042 – Avaliação do impacto do ciclo de vida: Essa norma especifica os elementos essenciais para a estruturação dos dados, sua caracterização, a avaliação quantitativa e qualitativa dos impactos potenciais identificados na etapa da análise do inventário. 4) ISO 14043 – Interpretação do ciclo de vida: Essa norma define um procedimento sistemático para identificar, qualificar, conferir e avaliar as informações dos resultados ou da avaliação do inventário do ciclo de vida, facilitando a interpretação desse ciclo para criar uma base na qual as conclusões e recomendações serão materializadas no relatório final. 5) ISO TR 14047 – Exemplos para a aplicação da ISO 14042 – Esse relatório técnico fornece exemplos de algumas das formas de aplicação da avaliação do impacto do ciclo de vida conforme descrito na Norma ISO 14042. 6) ISO TS 14048 – Formato da apresentação de dados: Essa especificação técnica fornece padrões e exigências para a apresentação dos dados que serão utilizados no inventário e na avaliação do inventário do ciclo de vida de uma forma transparente e inequívoca. 7) ISO TR 14049 – Exemplos de aplicação da ISO 14041 para definição de objetivos e escopo e análise de inventário: Esse relatório técnico apresenta exemplos para facilitar a definição de objetivos e escopos e análise de inventários, orientando uma padronização para diversos tipos de ACV.

[4] As normas de rotulagem ambiental orientam todas as declarações ambientais ou símbolos apostos nos produtos, incluindo também orientações para os programas de Selo Verde. 1) Norma ISO 14020 – Contém princípios básicos, aplicáveis a todos os tipos de rotulagem ambiental; recomenda que, sempre que apropriado, seja levada em consideração a ACV. 2) Norma ISO 14021 – Rotulagem ambiental tipo II: Trata das autodeclarações das organizações, que podem descrever apenas um aspecto ambiental de seu produto, não obrigando a realização de uma ACV, reduzindo, assim, os custos para atender de forma rápida às demandas do *marketing*. 3) Norma ISO 14024 – Rótulo ambiental tipo I: Princípios e procedimentos – recomenda que esses programas sejam desenvolvidos levando em consideração a ACV para a definição dos "critérios" de avaliação do produto e seus valores limites. Isso significa que deve haver múltiplos critérios identificados e padronizados, pelo menos os mais relevantes, nas fases do ciclo de vida, facilitando a avaliação e reduzindo os custos de certificação. 4) Relatório técnico TR/ISO 14025 – Rotulagem ambiental tipo III: Princípios e procedimentos orientam os programas de rotulagem que

pretendem padronizar o ciclo de vida e certificar esse padrão, ou seja, garantir que os valores dos impactos informados sejam corretos, sem definir valores limites.

[5] Metas ambientais são os requisitos de desempenho detalhado, quantificado sempre que exequível, aplicável à organização ou a partes dela, resultante dos objetivos ambientais e que necessita ser estabelecido para que tais objetivos sejam atingidos.

[6] Objetivos ambientais são o propósito ambiental geral, decorrente da política ambiental, que uma organização se propõe a atingir.

[7] Procedimentos são a forma especificada de executar uma atividade ou um processo.

[8] Melhoria contínua é o processo recorrente de avançar com o SGA com o propósito de atingir o aprimoramento do desempenho ambiental geral, coerente com a política ambiental da organização. Não é necessário que o processo de melhoria contínua seja aplicado simultaneamente a todas as áreas de atividade.

[9] Não conformidade é o não atendimento de um requisito.

CAPÍTULO 3

PLANEJAMENTO (PLAN)

→ ESCOPO

A definição da abrangência do campo de aplicação de um sistema de gestão é uma etapa fundamental em sua implementação, uma vez que permite clareza sobre o que faz e o que não faz parte desse sistema. Essa definição é exigida pela Norma ISO 14001 no requisito 4.1, transcrito no **Quadro 3.1**.

O requisito 4.1 da ISO 14001 determina que, para implementar um SGA, a organização deve cumprir os requisitos estipulados por essa norma. Além disso, dita que a organização deve definir o escopo de seu SGA.

O anexo A da Norma ISO 14001 contém orientações para seu uso e explica que uma organização tem liberdade e flexibilidade para definir sua abrangência, podendo optar pela implementação dessa norma em toda a organização ou em unidades operacionais específicas. Essa definição é a determinação do escopo, ou seja, da extensão em que será aplicado o SGA na organização. Esse mesmo anexo recomenda que, se uma parte da organização for excluída do escopo, ela deve ser capaz de explicar essa exclusão, porque a credibilidade do SGA depende da escolha desse escopo.

Pode-se considerar que uma organização tem liberdade para definir o escopo no qual deseja atuar, contudo, não se deve valer disso para excluir unidades operacionais com alto potencial de causar impactos ambientais. Nessas áreas é

> **QUADRO 3.1**
> REQUISITO 4.1 DA NORMA ISO 14001

4.1 REQUISITOS GERAIS

A organização deve estabelecer, documentar, implementar, manter e continuamente melhorar um sistema da gestão ambiental em conformidade com os requisitos desta Norma e determinar como ela irá atender a esses requisitos.

a) A organização deve definir e documentar o escopo de seu sistema da gestão ambiental.

Fonte: International Organization for Standardization (2004).

mais difícil atuar, entretanto, é onde uma empresa ambientalmente responsável mais deve fazê-lo.

POLÍTICA DO SISTEMA DE GESTÃO

O objetivo de uma política em um sistema de gestão é definir um direcionamento geral para a empresa, bem como os princípios de sua atuação em relação ao sistema em questão.

Em síntese, pode-se dizer que a política em um sistema de gestão é uma carta de intenções, devendo ser composta por pontos que efetivamente sejam cumpridos pela empresa e que possam ser evidenciados de maneira clara.

Pode-se dizer que a formalização de uma política em um SGA serve aos seguintes propósitos:

1. Fornece uma forma de previsibilidade de ações às pessoas envolvidas, dentro e fora da empresa (clientes, fornecedores, funcionários e partes interessadas).
2. Motiva as pessoas na empresa a pensar com maior profundidade sobre os problemas relacionados com as questões ambientais no caso dos SGAs.
3. Serve como base para as ações da gerência e dá legitimidade a essas ações.
4. Permite a comparação entre a prática da empresa e suas intenções.
5. Indica um rumo ao SGA.

O **Quadro 3.2** transcreve o requisito da Norma ISO 14001 que trata da política do sistema de gestão.

A política ambiental tem a finalidade de definir os objetivos fundamentais, gerais e de longo prazo e os princípios de conduta da organização na área ambiental. Essa política tem três funções específicas:

1. Ela é a expressão específica da autoconsciência ambiental e representa um autocomprometimento da direção da organização. Atua tanto interna quanto externamente à organização.
2. Seu efeito interno deriva da definição das condições de contorno e balizamento para as decisões e ações ambientalmente relevantes na organização, o que permite proporcionar orientação e transmite segurança de postura.
3. Seu efeito externo baseia-se na documentação da responsabilidade ambiental, visando a construção de uma imagem de confiabilidade para os grupos importantes à organização.

A política ambiental é a força motriz para a implementação e o aprimoramento do SGA de uma organização, permitindo que seu desempenho ambiental seja mantido e potencialmente aperfeiçoado.

→ **QUADRO 3.2**
REQUISITO 4.2 DA NORMA ISO 14001

4.2 POLÍTICA AMBIENTAL

A alta administração deve definir a política ambiental da organização e assegurar que, dentro do escopo definido de seu sistema da gestão ambiental, a política

a) seja apropriada à natureza, escala e impactos ambientais de suas atividades, produtos e serviços,

b) inclua um comprometimento com a melhoria contínua e com a prevenção da poluição,

c) forneça uma estrutura para o estabelecimento e a análise dos objetivos e metas ambientais,

d) seja comunicada a todos que trabalhem na organização ou que atuem em seu nome, e

e) esteja disponível para o público.

Fonte: International Organization for Standardization (2004).

Quando uma empresa apresenta mais de um sistema de gestão, com objetivos específicos em relação a seu sistema de gestão global, como é o caso de um sistema de gestão de qualidade (SGQ) e de um SGA, existe a opção de ter políticas separadas ou integradas. As **Figuras 3.1** e **3.2** apresentam exemplos de políticas integradas.

Deve-se destacar que a alta direção deve liderar a empresa rumo a sua política, não apenas para que todos os trabalhadores percebam sua preocupação pelo assunto, mas principalmente pelo apoio moral e financeiro necessário.

Um aspecto fundamental para um bom resultado em um programa de gestão ambiental é a aderência entre as ações concretas que são desencadeadas na empresa e a política estabelecida, pois, caso contrário, o programa poderá perder

Duas Rodas Industrial

POLÍTICA DA QUALIDADE, AMBIENTAL E SEGURANÇA DOS ALIMENTOS

Vivemos nossos **VALORES** e **MISSÃO**, buscando o sucesso de nossos clientes.

O respeito à natureza através da prevenção e redução de poluidores, a preservação de recursos naturais, o atendimento aos requisitos especificados e legais, a produção de alimentos inócuos à saúde dos consumidores e a velocidade como diferencial competitivo, geram a satisfação dos nossos clientes e o crescimento sustentado em bases sólidas, para a conquista de novos mercados.

A grande meta da **QUALIDADE TOTAL** é uma conquista de colaboradores conscientes que, através de melhorias contínuas, sentem o orgulho e a responsabilidade de fazer bem feito, pois

"QUALIDADE TOTAL NÃO ADMITE OMISSÕES".

Conselho da Administração

Revisão: 03 – 06/06/2005

→ **FIGURA 3.1**
Exemplo de política integrada de SGQ e SGA.

Fonte: Empresa Duas Rodas Industrial Ltda., situada na cidade de Jaraguá do Sul, em Santa Catarina.

Sistemas de gestão ambiental na indústria alimentícia

POLÍTICA DO SISTEMA DE GESTÃO INTEGRADO DUCOCO
(Qualidade – Segurança de Alimentos – Meio Ambiente – Segurança Ocupacional)

A Ducoco Alimentos tem como missão: "Crescer agregando valor à empresa e a seus colaboradores, de forma a ocupar uma posição de destaque na preferência do consumidor, ofertando alimentos com qualidade, que levam inovação e praticidade no seu dia-a-dia". Por isso, tem ações voltadas para:

- Busca contínua da melhoria dos processos produtivos e dos produtos;
- Compromisso com a segurança dos alimentos;
- Atendimento dos requisitos dos clientes visando sua satisfação e dos requisitos legais e estatutários;
- Incentivo ao desenvolvimento pessoal;
- Controle de aspectos ambientais para minimizar a poluição e impactos nocivos ao meio ambiente;
- Redução de riscos para segurança ocupacional.

A Ducoco Alimentos acredita que atingir a qualidade total, o crescimento empresarial e humano, é uma responsabilidade de todos os colaboradores.

→ **FIGURA 3.2**
Exemplo de política integrada de SGQ, SGSA, SGA e SGSSO.

Fonte: Ducoco Alimentos, situada nas cidades de Linhares, no ES, e em Itapipoca, no CE.

sua credibilidade. Com isso, as políticas que não expressam a realidade e objetivos exequíveis podem provocar a desmotivação dos funcionários.

Em uma política para SGAs é obrigatória a inclusão do comprometimento com a legislação e outros requisitos estatutários associados ao SGA. Esse comprometimento deve ser assegurado primeiramente pelo conhecimento e acesso à legislação ambiental aplicável à empresa e, depois, por um processo contínuo de monitoramento a seu atendimento.

Outra exigência quanto a políticas para SGAs é que sejam comunicadas a todas as pessoas na empresa com a intenção de torná-las conscientes de suas obrigações individuais em relação ao assunto. Para isso, deve haver a criação de um processo de divulgação da política e conscientização dos empregados. No caso da política ambiental, existe uma particularidade: ela deve também estar disponível ao público.

A política deve ser conhecida por todas as pessoas da empresa e estar satisfatoriamente disseminada e compreendida, sendo desnecessário decorá-la. A divulgação pode ser feita de diversas maneiras; por exemplo, por meio de palestras, informativos periódicos, murais, cartazes, confraternizações, durante reuniões ou treinamentos, etc. Isso, porém, pode não apresentar resultados satisfatórios sem a efetiva participação da diretoria, visto que esta deve praticá-la, pois nada melhor do que o exemplo para reforçar a crença das pessoas.

Se o compromisso da diretoria for sincero e convincente, outros níveis hierárquicos, como o pessoal de supervisão, também apoiarão a política. Quando o apoio de todos os níveis é evidente, os empregados prontamente tendem a abraçá-la.

➔ REQUISITOS LEGAIS E OUTROS REQUISITOS

Cada pessoa tem diferentes princípios e valores para o que é certo ou errado. Para minimizar essas diferenças, a sociedade formaliza normas de conduta que são denominadas leis. É primordial, em um sistema de gestão, que, no mínimo, uma organização cumpra as leis, no caso de um SGA, relacionadas com a legislação ambiental.

As organizações devem ter consciência de como suas atividades são, ou serão, afetadas pelas exigências legais, como devem aplicá-las e comunicá-las aos empregados e às partes interessadas.

Os requisitos da Norma ISO 14001 que tratam desse tema estão transcritos no **Quadro 3.3**.

É fundamental o conhecimento de toda a legislação ambiental pertinente às atividades de uma empresa na condução de seu SGA. Paralelamente aos aspectos e efeitos ambientais, há que se considerar, sobretudo no contexto do planejamento, os diversos requisitos que são impostos pela lei, pelos órgãos públicos e por outras instituições importantes. Requisitos legais e estatutários devem ser conhecidos na organização e levados em conta em tomadas de decisão.

Em um primeiro momento, tal requisito pode parecer incoerente, pois pressupõe que qualquer organização, mesmo que não vá buscar a implementação de um sistema de gestão, deva cumprir a lei. Porém, o requisito 4.3.2 determina não apenas conhecer as leis, mas estruturar um sistema que permita constante atualização.

Esse requisito abrange não só leis e prescrições da União, Estados e municípios e acordos federais internacionais, mas também disposições concretas ou concessões de órgãos públicos, como, por exemplo, o atendimento às condicio-

> **QUADRO 3.3**
> REQUISITO 4.3.2 DA NORMA ISO 14001
>
> **4.3.2 REQUISITOS LEGAIS E OUTROS**
>
> A organização deve estabelecer, implementar e manter procedimento(s) para
>
> a) identificar e ter acesso a requisitos legais aplicáveis e a outros requisitos subscritos pela organização, relacionados aos seus aspectos ambientais, e
>
> b) determinar como esses requisitos se aplicam aos seus aspectos ambientais.
>
> A organização deve assegurar-se de que esses requisitos legais e outros requisitos subscritos pela organização sejam levados em consideração no estabelecimento, implementação e manutenção de seu sistema da gestão ambiental.
>
> **Fonte:** International Organization for Standardization (2004).

nantes de uma licença ambiental (LA) ou os termos de um termo de ajustes de conduta (TAC).

Além desses, devem ser considerados outros requisitos, tais como regras de conduta e princípios dos setores econômicos em que atuam, acordos com órgãos públicos ou preceitos que estejam incluídos em lei, e normas e diretrizes internas da organização, que com frequência vão além do que é legalmente exigido. Também devem ser consideradas outras práticas que a empresa é obrigada a atender por questões contratuais ou por iniciativa própria.

Diversas formas podem ser adotadas para a aplicação desses requisitos, tais como:

1. Consulta sistemática a páginas de internet do governo que apresentem bancos de dados sobre leis com as legislações ambientais e de segurança dos alimentos.
2. Contratação de empresas de assessoria especializada na identificação e atualização de aspectos legais.
3. Contratação de assessoria jurídica.

Qualquer que seja o método adotado para a avaliação dos requisitos legais e estatutários, a organização deve evidenciar que realmente realizou essa análise e que ações foram efetuadas no caso de um eventual não cumprimento de alguma questão de caráter legal. A **Figura 3.3** apresenta um modelo de planilha para

Legislação	Aplica-se?	Qual requisito específico?	Empresa atende?	Qual a evidência?	Se não atende			Data da última análise
					Ações para atender?	Qual o prazo?	Responsável	

→ **FIGURA 3.3**
Modelo de planilha de avaliação de aspectos legais.

realizar esse tipo de análise sobre requisitos legais. Nela está definida a legislação de referência e se é aplicável ou não à organização. Então, cada legislação é analisada em suas diferentes exigências, seus requisitos, e um a um devem ser avaliados quanto ao efetivo atendimento. Se algum requisito não estiver sendo devidamente atendido, já se devem determinar ações sobre o que será realizado, instituindo prazo e responsável.

LEGISLAÇÕES BRASILEIRAS PARA REFERÊNCIA

A seguir, são descritas, no **Quadro 3.4**, algumas legislações que servirão de referência aos leitores. Logicamente, a pesquisa sobre referências legais precisa ser mais extensa, não se limitando aos exemplos descritos, que representam apenas um pequeno número de um universo bem mais amplo, considerando o Estado e o município onde cada organização está inserida.

→ **QUADRO 3.4**
EXEMPLOS DE LEGISLAÇÃO AMBIENTAL BRASILEIRA

IDENTIFICAÇÃO	HOMOLOGAÇÃO	ORIGEM	TEMA	TÍTULO
Lei 10.165/00	27 de dezembro de 2000	Congresso Nacional	Meio ambiente	Altera a Lei nº 6.938, de 31 de agosto de 1981, que dispõe sobre a Política Nacional do Meio Ambiente, seus fins e mecanismos de formulação e aplicação, e dá outras providências.
Lei 4.771/65	15 de setembro de 1965	Poder Executivo Federal	Florestas	Institui o novo Código Florestal.
Lei 6.938/81	31 de agosto de 1981	Congresso Nacional	Meio ambiente	Dispõe sobre a Política Nacional do Meio Ambiente, seus fins e mecanismos de formulação e aplicação, e dá outras providências.
Lei 7.804/89	18 de julho de 1989	Congresso Nacional	Meio ambiente	Altera a Lei 6.938, de 31 de agosto de 1981, que dispõe sobre a Política Nacional do Meio Ambiente, seus fins e mecanismos de formulação e aplicação à Lei 7.735 de 22 de fevereiro de 1989, Lei 6.803 de 02 de junho de 1980, Lei 6.902 de 21 de abril de 1981, e dá outras providências.
Lei 9.433/97	8 de janeiro de 1997	Congresso Nacional	Recursos Hídricos	Institui a Política Nacional de Recursos Hídricos, cria o Sistema Nacional de Gerenciamento de Recursos Hídricos, regulamenta o inciso XIX do Art. 21 da Constituição Federal e altera o Art. 1º

→

→ **QUADRO 3.4** (continuação)
EXEMPLOS DE LEGISLAÇÃO AMBIENTAL BRASILEIRA

IDENTIFICAÇÃO	HOMOLOGAÇÃO	ORIGEM	TEMA	TÍTULO
				da Lei 8.001, de 13 de março de 1990, que modificou a Lei 7.990, de 28 de dezembro de 1989.
Lei 9.605/98	12 de fevereiro de 1998	Congresso Nacional	Sanções penais	Dispõe sobre as sanções penais e administrativas derivadas de condutas e atividades lesivas ao meio ambiente, e dá outras providências.
Lei 9.795/99	27 de abril de 1999	Congresso Nacional	Educação ambiental	Dispõe sobre a educação ambiental, institui a Política Nacional de Educação Ambiental, e dá outras providências.
Lei 9.974/00	6 de junho de 2000	Congresso Nacional	Resíduos	Altera a Lei 7.802, de 11 de julho de 1989, que dispõe sobre a pesquisa, a experimentação, a produção, a embalagem e rotulagem, o transporte, o armazenamento, a comercialização, a propaganda comercial, a utilização, a importação, a exportação, o destino final dos resíduos e embalagens; o registro, a classificação, o controle, a inspeção e a fiscalização de agrotóxicos, seus componentes e afins, e dá outras providências.
Lei 9.985/00	18 de julho de 2000	Congresso Nacional	Unidades de conservação	Regulamenta o Art. 225, § 1º, incisos I, II, III e VII da Constituição Federal; →

→ **QUADRO 3.4** (continuação)
EXEMPLOS DE LEGISLAÇÃO AMBIENTAL BRASILEIRA

IDENTIFICAÇÃO	HOMOLOGAÇÃO	ORIGEM	TEMA	TÍTULO
				institui o Sistema Nacional de Unidades de Conservação da Natureza, e dá outras providências.
Resolução 001/86	23 de janeiro de 1986	Conama	Impacto ambiental	Dispõe sobre critérios básicos e diretrizes gerais para avaliação de impacto ambiental.
Resolução 011/86	18 de março de 1986	Conama	Legalidade	Dispõe sobre alterações na Resolução nº 001/86.
Resolução 13/90	28 de dezembro de 1990	Conama	Unidades de conservação	Dispõe sobre normas referentes às atividades desenvolvidas no entorno das Unidades de Conservação.
Resolução 237/97	19 de dezembro de 1997	Conama	Licença ambiental	Dispõe sobre a revisão e a complementação dos procedimentos e critérios utilizados para o licenciamento ambiental.
Resolução 267/00	14 de setembro de 2000	Conama	Camada de ozônio	Dispõe sobre a proibição da utilização de substâncias que destroem a camada de ozônio.
Resolução 273/00	29 de novembro 2000	Conama	Derivados de petróleo	Dispõe sobre os sistemas de armazenamento de derivados de petróleo.
Resolução 3/90	28 de junho de 1990	Conama	Ar	Dispõe sobre padrões de qualidade do ar, previstos no PRONAR.
Resolução 307/02	5 de julho de 2002	Conama	Resíduos da construção	Estabelece diretrizes, critérios e procedimentos →

→ **QUADRO 3.4** (continuação)
EXEMPLOS DE LEGISLAÇÃO AMBIENTAL BRASILEIRA

IDENTIFICAÇÃO	HOMOLOGAÇÃO	ORIGEM	TEMA	TÍTULO
			civil	para a gestão dos resíduos da construção civil.
Resolução 257/99	30 de junho de 1999	Conama	Resíduos sólidos	Dispõe sobre o procedimento de reutilização, reciclagem e disposição final ambientalmente adequada.
Resolução 313/02	29 de outubro de 2002	Conama	Resíduos industriais	Dispõe sobre o Inventário Nacional de Resíduos Sólidos Industriais.
Resolução 357/05	17 de março de 2005	Conama	Resíduos líquidos	Dispõe sobre a classificação dos corpos de água e diretrizes ambientais para o seu enquadramento, bem como estabelece as condições e os padrões de lançamento de efluentes, e dá outras providências.
Resolução 358/05	29 de abril de 2005	Conama	Resíduos perigosos	Dispõe sobre o tratamento e a disposição final dos resíduos dos serviços de saúde, e dá outras providências.
Resolução 362/05	23 de junho de 2005	Conama	Resíduos industriais	Dispõe sobre o recolhimento, a coleta e a destinação final de óleo lubrificante usado ou contaminado.
Resolução 375/06	29 de agosto de 2006	Conama	Resíduos industriais	Define critérios e procedimentos para o uso agrícola de lodos de esgoto gerados em

→

→ **QUADRO 3.4** (continuação)
EXEMPLOS DE LEGISLAÇÃO AMBIENTAL BRASILEIRA

IDENTIFICAÇÃO	HOMOLOGAÇÃO	ORIGEM	TEMA	TÍTULO
				estações de tratamento de esgoto sanitário e seus produtos derivados, e dá outras providências.
Resolução 382/06	26 de dezembro de 2006	Conama	Emissões gasosas	Estabelece os limites máximos de emissão de poluentes atmosféricos para fontes fixas.
Resolução 396/08	3 de abril de 2008	Conama	Recursos hídricos	Dispõe sobre a classificação e as diretrizes ambientais para o enquadramento das águas subterrâneas, e dá outras providências.
Resolução 397/08	3 de abril de 2008	Conama	Resíduos líquidos	Altera o inciso II do § 4º e a tabela X do § 5º, ambos do Art. 34 da resolução Conama 357/05, que dispõe sobre a classificação dos corpos de água e as diretrizes ambientais para seu enquadramento, bem como estabelece as condições e os padrões de lançamento de efluentes.
Resolução 422/10	23 de março de 2010	Conama	Educação ambiental	Estabelece diretrizes para campanhas, ações e projetos de educação ambiental, conforme a Lei 9.795, de 27 de abril de 1999, e dá outras providências.
Resolução 428/10	17 de dezembro de 2010	Conama	Unidades de conservação	Dispõe, no âmbito do licenciamento ambiental, sobre a autorização do →

→ **QUADRO 3.4** (continuação)
EXEMPLOS DE LEGISLAÇÃO AMBIENTAL BRASILEIRA

IDENTIFICAÇÃO	HOMOLOGAÇÃO	ORIGEM	TEMA	TÍTULO
				órgão responsável pela administração da Unidade de Conservação (UC), de que trata o § 3º do Art. 36 da Lei 9.985, de 18 de julho de 2000, bem como sobre a ciência do órgão responsável pela administração da UC no caso de licenciamento ambiental de empreendimentos não sujeitos a EIA-RIMA,* e dá outras providências.
Resolução 430/11	13 de maio de 2011	Conama	Efluentes	Dispõe sobre as condições e os padrões de lançamento de efluentes, complementa e altera a Resolução 375, de 17 de março de 2005, do Conselho Nacional do Meio Ambiente – CONAMA.
Resolução 5/88	15 de junho de 1988	Conama	Obras de saneamento	Dispõe sobre o licenciamento ambiental de obras de saneamento.
Resolução 5/89	15 de junho de 1989	Conama	Ar	Dispõe sobre o Programa Nacional de Poluição do Ar – PRONAR.
Resolução 6/86	24 de janeiro de 1986	Conama	Licenciamento ambiental	Dispõe sobre a aprovação de modelos para publicação de pedidos de licenciamento.
Resolução 6/91	19 de setembro de 1991	Conama	Resíduos perigosos	Dispõe sobre o tratamento de resíduos sólidos

* Estudo de Impacto Ambiental/Relatório de Impacto Ambiental.   →

→ **QUADRO 3.4** (continuação)
EXEMPLOS DE LEGISLAÇÃO AMBIENTAL BRASILEIRA

IDENTIFICAÇÃO	HOMOLOGAÇÃO	ORIGEM	TEMA	TÍTULO
				provenientes de estabelecimentos de saúde, portos e aeroportos.
Resolução 9/93	31 de agosto de 1993	Conama	Resíduos industriais	Dispõe sobre a correta destinação de óleos lubrificantes industriais.
Decreto 1.413/75	14 de agosto de 1975	Presidência da República	Meio ambiente	Dispõe sobre o controle da poluição do meio ambiente provocada por atividades industriais. Regulamentado pelo Decreto 76.623/75.
Decreto 24.643/34	10 de julho de 1934	Presidência da República	Recursos hídricos	Decreta o Código de Águas.
Decreto 3.179/99	21 de agosto de 1999	Poder Executivo Federal	Meio ambiente	Dispõe sobre a especificação das sanções aplicáveis às condutas e atividades lesivas ao meio ambiente, e dá outras providências. Alterado pelos decretos: 5.975/2006, 5.523/2005, 4.592/2003 e 3.919/2001.
Decreto 50.877/61	29 de junho de 1961	Presidência da República	Resíduos tóxicos	Dispõe sobre o lançamento de resíduos tóxicos ou oleosos nas águas interiores ou litorâneas do País, e dá outras providências.
Decreto 6.514/08	22 de julho de 2008	Poder Executivo Federal	Legalidade	Dispõe sobre as infrações e sanções administrativas ao meio ambiente, estabelece o processo

→

→ **QUADRO 3.4** (continuação)
EXEMPLOS DE LEGISLAÇÃO AMBIENTAL BRASILEIRA

IDENTIFICAÇÃO	HOMOLOGAÇÃO	ORIGEM	TEMA	TÍTULO
				administrativo federal para apuração dessas infrações, e dá outras providências.
Decreto 76.389/75	03 de outubro de 1975	Poder Executivo Federal	Controle da poluição	Define poluição industrial, penalidades aos transgressores. Dispõe sobre as medidas de prevenção e controle da poluição industrial de que trata o Decreto-lei 1.413, de 14/8/75.
Decreto 875/93	19 de julho de 1993	Poder Executivo Federal	Resíduos perigosos	Promulga o texto da convenção sobre o controle dos movimentos transfronteiriços de resíduos perigosos e seu depósito.
Decreto 96.044/88	18 de maio de 1988	Poder Executivo Federal	Resíduos perigosos	Aprova o regulamento para o transporte rodoviário de produtos perigosos, e dá outras providências.
Instrução normativa 5/09	2 de setembro de 2009	Instituto Chico Mendes	Licenciamento ambiental	Estabelece procedimentos para análise dos pedidos e concessão da autorização para o licenciamento ambiental de atividades ou empreendimentos que afetem as Unidades de Conservação federais, suas zonas de amortecimento ou áreas circundantes.

CAPÍTULO 4

EXECUÇÃO (DO)

→ ASPECTOS AMBIENTAIS E CONTROLE OPERACIONAL

A identificação de aspectos ambientais na implementação e condução de um SGA é uma condição essencial. Um dos principais objetivos dessa identificação é permitir a avaliação dos impactos ambientais[1] e dos danos por meio de um melhor conhecimento dos processos envolvidos e suas relações com o meio ambiente.[2] As exigências da Norma ISO 14001 referentes à identificação dos aspectos ambientais da organização são encontradas no requisito 4.3.1.

Os aspectos ambientais têm uma relação de causa e efeito com seus respectivos impactos ambientais, ou seja, um aspecto ambiental tem como consequência um impacto ambiental, que, por sua vez, pode ou não ser significativo, podendo ter um caráter negativo ou, em alguns casos, até positivo. Na abordagem proposta neste livro, para cada impacto ambiental dito significativo, uma ação deve ser proposta para seu controle; assim, na sequência ao requisito 4.3.1, já é apresentado o requisito 4.4.6, que trata de controle operacional (**Quadro 4.1**).

Um pressuposto para todo planejamento dirigido é uma análise minuciosa da situação ambiental presente. Nesse sentido, a averiguação dos aspectos ambientais significativos da organização, bem como os efeitos ambientais deles decorrentes, têm um papel fundamental. Mas não basta identificar o problema, ele tem de ser mantido sob controle; por isso, usaremos controles operacionais para controlar impactos ambientais provenientes de aspectos ambientais.

→ **QUADRO 4.1**
REQUISITOS 4.3.1 E 4.4.6 DA NORMA ISO 14001

4.3.1 ASPECTOS AMBIENTAIS

A organização deve estabelecer, implementar e manter procedimento(s) para

a) identificar os aspectos ambientais de suas atividades, produtos e serviços, dentro do escopo definido de seu sistema de gestão ambiental, que a organização possa controlar e aqueles que ela possa influenciar, levando em consideração os desenvolvimentos novos ou planejados, as atividades, produtos e serviços novos ou modificados, e

b) determinar os aspectos que tenham ou possam ter impactos significativos sobre o meio ambiente (isto é, aspectos significativos).

A organização deve documentar essas informações e mantê-las atualizadas.

A organização deve assegurar que os aspectos ambientais significativos sejam levados em consideração no estabelecimento, implementação e manutenção de seu sistema da gestão ambiental.

4.4.6 CONTROLE OPERACIONAL

A organização deve identificar e planejar aquelas operações que estejam associadas aos aspectos ambientais significativos identificados de acordo com sua política, objetivos e metas ambientais para assegurar que elas sejam realizadas sob condições específicas por meio de

a) estabelecimento, implementação e manutenção de procedimento(s) documentado(s) para controlar situações onde sua ausência possa acarretar desvios em relação à sua política e aos objetivos e metas ambientais,

b) determinação de critérios operacionais no(s) procedimento(s), e

c) estabelecimento, implementação e manutenção de procedimento(s) associado(s) aos aspectos ambientais significativos identificados de produtos e serviços utilizados pela organização e a comunicação de procedimentos e requisitos pertinentes a fornecedores, incluindo prestadores de serviço.

Fonte: International Organization for Standardization (2004).

Tratando-se da indústria alimentícia, em diferentes etapas da cadeia alimentícia teremos diferentes aspectos ambientais que irão gerar diferentes impactos ao meio ambiente. No **Quadro 4.2**, são apresentados alguns exemplos de impactos ambientais potenciais causados ao meio ambiente pelo segmento alimentício.

→ **QUADRO 4.2**
IMPACTOS AO MEIO AMBIENTE CAUSADOS PELO SEGMENTO ALIMENTÍCIO

ETAPA DA CADEIA ALIMENTÍCIA	IMPACTO POTENCIAL AO MEIO AMBIENTE
Agricultura	• Problemas de pó, fumo e ruído causados pelo uso de máquinas agrícolas; • Contaminação de solo e cursos de água por resíduos de adubos químicos e agrotóxicos; • Contaminação do ar por resíduos de pulverizações com agrotóxicos; • Destruição de fauna, flora e redução de biodiversidade devido a ocupação de áreas pelas culturas plantadas; • Redução de *pool* gênico pela utilização de plantas clonadas;[3] • Contaminação de espécies nativas por organismos geneticamente modificados; • Nitrificação[4] do solo pelo uso inadequado de esterco animal; • Consumo de água em fontes não sustentáveis, ou de forma não sustentável; • Perda de nutrientes do solo devido a seu uso incorreto ou a erosão provocada por falta de cuidados técnico-agrícolas (desertificação); • Proliferação descontrolada de insetos e outras pragas devido a monocultura em vastas áreas.
Industrialização	• Problemas de pó, fumo e ruído liberados por equipamentos industriais; • Contaminação de cursos de água devido a lançamento de efluentes, como, por exemplo, de frigoríficos; • Contaminação do ar por gases, como amônia, liberados por câmaras frias utilizadas para

→

→ **QUADRO 4.2** (continuação)
IMPACTOS AO MEIO AMBIENTE CAUSADOS PELO SEGMENTO ALIMENTÍCIO

ETAPA DA CADEIA ALIMENTÍCIA	IMPACTO POTENCIAL AO MEIO AMBIENTE
	conservação de carnes e frutas; CH_4 (causa efeito estufa[5]) proveniente de sistemas de tratamento de efluentes anaeróbios; C, CO e CO_2 (causa efeito estufa) de queima irregular em caldeiras ou SO_2 (causam chuva ácida[6]) de caldeiras que utilizam óleos ricos em enxofre (causa chuva ácida); • Odores desagradáveis provenientes, por exemplo, de frigoríficos, que causam danos à vizinhança; • Contaminação do solo por resíduos sólidos e desperdícios gerados dos processos industriais; • Consumo descontrolado de água e energia, causando necessidade de novas hidrelétricas ou novos açudes, que ocupam áreas naturais; • Resíduos de laboratórios com metais pesados, outros produtos tóxicos ou contaminantes microbiológicos que podem contaminar cursos d'água se diretamente lançados neles.
Comercialização	• Contaminação por resíduos provenientes de embalagens utilizadas nos produtos alimentícios; • Contaminação devido a liberação de gases do efeito estufa (GEE) e/ou causadores de chuva ácida pelos caminhões que transportam os produtos.

A metodologia para avaliação de aspectos e impactos ambientais envolve três passos básicos: identificação dos aspectos ambientais e impactos correlacionados, estimativa da gravidade do impacto ambiental e decisão sobre a aceitabilidade do risco e do impacto, determinando medidas de controle para os inaceitáveis. Como resultado dessa avaliação é desenvolvido um inventário de ações, em ordem de prioridade, para recomendar, manter ou melhorar os controles existentes e/ou para prevenção da poluição e evitação de outros danos ambientais.

De uma forma genérica, o **Quadro 4.3** exemplifica a relação entre aspectos ambientais, impactos ambientais e medidas de controle.

Sistemas de gestão ambiental na indústria alimentícia   65

→ **QUADRO 4.3**
EXEMPLOS DA CORRELAÇÃO ENTRE ASPECTOS AMBIENTAIS, IMPACTOS AMBIENTAIS E MEDIDAS DE CONTROLE

ASPECTO AMBIENTAL	IMPACTO AMBIENTAL	MEDIDA DE CONTROLE OPERACIONAL
Lançamento de efluentes gerados no processo no corpo receptor.	Se fora dos limites legais estabelecidos, pode ocasionar contaminação do corpo receptor e morte da biota existente, como peixes e plantas aquáticas, além de causar risco às comunidades próximas pela contaminação da água.	Controle operacional na estação de tratamento de efluentes (ETE) para garantir que todo efluente atenda à legislação, sendo possível até a adoção de metas mais audaciosas do que a própria legislação.
Emissões gasosas geradas na caldeira devido a queima de combustíveis.	Se forem usados combustíveis fósseis e a emissão estiver acima dos limites legais, contribuirão para o aquecimento global, e, se houver SO_x, poderá causar chuva ácida.	Uso racional, manutenção preventiva da caldeira para otimizar ao máximo a queima e o aproveitamento energético do combustível e plano para redução do uso de combustíveis fósseis com gradual substituição por fontes renováveis.
Resíduos orgânicos gerados pelo processo industrial.	Se dispostos em local inapropriado, poderão contaminar o solo, percolar e contaminar o lençol freático com o chorume gerado.	Manejo adequado, não deixar sobre o solo para que possa contaminar, percolar e chegar ao lençol freático, usando, por exemplo, baias para compostagem, de forma a estabilizar o material para ser aproveitado como adubo.
Consumo de energia elétrica nas instalações industriais.	Se for descontrolado, extrapolando as metas determinadas pela empresa, poderá levar a necessidade de maior queima de combustíveis fósseis, que impactará no aumento do efeito estufa caso a energia seja	Uso racional, com metas de redução, a partir, por exemplo, de um programa ambiental de economia de energia.

→

→ **QUADRO 4.3** (continuação)
EXEMPLOS DA CORRELAÇÃO ENTRE ASPECTOS AMBIENTAIS, IMPACTOS AMBIENTAIS E MEDIDAS DE CONTROLE

ASPECTO AMBIENTAL	IMPACTO AMBIENTAL	MEDIDA DE CONTROLE OPERACIONAL
	proveniente de uma termoelétrica; mas, se for proveniente de uma hidrelétrica, poderá requerer o alagamento de novas áreas, o que ocasionará redução de vida selvagem (animais e plantas) do local.	
Consumo de água no processo de irrigação.	Se for descontrolado, extrapolando as metas determinadas pela empresa, poderá levar ao consumo insustentável da fonte de abastecimento, em alguns casos provocando seu esgotamento.	Uso racional e sustentável, utilizando a água que a fonte geradora tenha a capacidade de repor.

Note que, no exemplo do quadro anterior, usa-se o "se" para cada impacto, pois ele acontece de forma desmedida ou desregulada caso não se atinja um limite de lançamento ou emissão, caso um resíduo seja alocado em local inapropriado, caso não seja obedecida a uma meta de consumo, por exemplo, de água ou energia. Assim, gerencialmente, se cria um limite entre o que pode ou não ser considerado aceitável na gestão ambiental da organização. Não resta dúvida de que tais limites podem ir se tornando mais audaciosos.

A organização precisa conhecer e controlar as atividades que causam impactos ambientais significativos a fim de realizar a política e cumprir as exigências ambientais, o que implica a elaboração de procedimentos documentados em condições fixadas, proporcionando clareza aos empregados e base para comprovação em auditorias de que as atividades industriais estão sob controle e ocorrem sistematicamente em consonância com a política ambiental.

Para selecionar os controles operacionais, devem ser considerados diversos fatores, entre eles: o nível de perigo potencial existente, os custos, a praticidade do controle e a possibilidade da introdução de novos perigos.

METODOLOGIA PARA IDENTIFICAÇÃO E QUANTIFICAÇÃO DE ASPECTOS E IMPACTOS AMBIENTAIS

Este livro descreve uma sistemática denominada Gestão e análise de impactos ambientais e pontos críticos de controle (GAIA-PCC), que pode ser utilizada pela organização para identificação e quantificação de aspectos ambientais, seus impactos ambientais e aspectos legais correlacionados, assim como medidas para seu controle e determinação de metas ambientais para minimização de danos ao meio ambiente e prevenção da poluição.

Essa metodologia nasceu do uso da APPCC (Análise de perigos e pontos críticos de controle/*HACCP – Hazard Analysis and Critical Control Points*), que é um sistema que identifica, avalia e controla perigos que são significativos para a segurança dos alimentos, mas que, por sua estrutura lógica, racional e preventiva, se mostra muito útil também no tema ambiental.

Para a utilização dessa metodologia, recomenda-se que inicialmente seja estruturada uma equipe, a ser denominada equipe[7] GAIA-PCC ou como for desejado. Ela deve elaborar um macrofluxograma correlacionando as etapas de processo fabril e etapas de apoio que possam gerar aspectos ambientais, como exemplifica a **Figura 4.1**, mas que logicamente deve ser adaptado às características de cada processo e empresa, de forma que represente com máxima fidelidade as interações do processo.

A partir desse macrofluxograma deve ser estruturado o Sistema GAIA-PCC, que deve seguir sete princípios, como segue:

Princípio 1 → Identificação de aspectos ambientais e impactos correlacionados

A equipe GAIA-PCC deve listar todos os aspectos ambientais significativos,[8] ou seja, aqueles que possam ocasionar impactos ambientais e que tenham probabilidade razoável de ocorrer, considerando-se desde a produção primária, o processo, a manipulação, o armazenamento, até a distribuição do produto (**Quadros 4.4 a 4.7**). Para cada aspecto ambiental significativo devem ser descritos os impactos ambientais correlacionados e estabelecidas medidas de controle para o que foi identificado. O critério para determinar quais aspectos ambientais são significativos deve, sempre que possível, levar em conta:

1. A probabilidade/frequência[9] de ocorrência de um impacto ambiental e a gravidade[10] dos efeitos adversos ao meio ambiente, que resultarão em seu risco/relevância

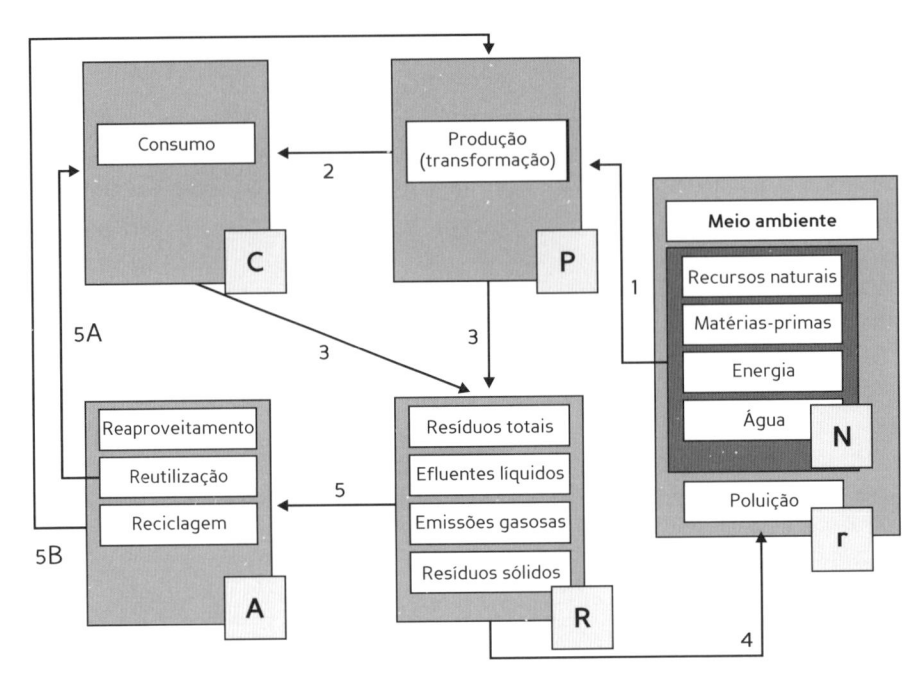

→ **FIGURA 4.1**
Modelo geral macrofluxo das interações entre produção, aspectos e impactos ambientais.

N = Recursos naturais; P = Produção; C = Consumo; A = Reaproveitamento; R = Resíduos; r = Poluição que retorna ao meio ambiente.

2 A avaliação quantitativa do aspecto ambiental: por exemplo, para emissões, m^3 de gás gerados por hora e composição química desta emissão; para efluentes, m^3 de efluentes gerados por hora ou por tonelada fabricada e avaliação das características físico-químicas, como oxigênio dissolvido, óleos e graxas, sólidos solúveis, sólidos sedimentáveis, acidez, pH, demanda química de oxigênio, demanda biológica de oxigênio; para resíduos, quilos de resíduos por tonelada fabricada e classificação do tipo de resíduo, se é classe I, II, III, etc.
3 Balanço de massa dos processos envolvidos (consumo e liberação de massa e energia)
4 Produção ou persistência de poluentes no meio ambiente
5 Condições que possam levar aos itens anteriormente descritos.

→ **QUADRO 4.4**
PROBABILIDADE DE OCORRÊNCIA

DEFINIÇÃO	NÍVEL	DESCRIÇÃO
Frequente	(5 pontos)	Ocorre frequentemente (alta probabilidade) ou de forma permanente quando iniciada a atividade.
		Problemas com legislação própria para monitoramento e controle.
Provável	(4 pontos)	Ocorrerá várias vezes na vida do sistema ou do bem. Histórico de ocorrências significativo (pelo menos 1 ocorrência a cada ano).
		Problemas com legislação própria para monitoramento e controle.
Ocasional	(3 pontos)	Ocorrerá várias vezes na vida do sistema ou do bem. Histórico de ocorrências representativo (pelo menos 1 ocorrência nos últimos 5 anos).
		Problemas com legislação própria para monitoramento e controle.
Remota	(2 pontos)	Não se espera que ocorra, embora haja alguma expectativa ao longo da vida do item ou do sistema. Histórico de ocorrências baixo (pelo menos 5 anos sem ocorrência).
		Problemas com legislação própria para monitoramento e controle.
Improvável	(1 ponto)	Pode-se supor que não ocorrerá ao longo da vida do item ou do sistema. Histórico de ocorrências baixo (não há registro de ocorrência desse tipo de evento).
		Problemas sem legislação própria para monitoramento e controle.

→ **QUADRO 4.5**
CATEGORIAS DE GRAVIDADE/ AVALIAÇÃO QUALITATIVA

DEFINIÇÃO	CATEGORIA	DESCRIÇÃO
Catastrófica	(4 pontos)	• Perda do sistema (capacidade operacional da organização). • Causam sequelas permanentes em ecossistemas. • Problemas com efeitos que extrapolam as fronteiras de propriedade da organização, podendo até atingir outros Estados. • Implicam infringimento de leis, regulamentos ou contratos.
Crítica	(3 pontos)	• Consumo significativo de recursos naturais, geração elevada de poluição e rejeitos, danos grandes ao sistema ou ao meio ambiente. • Problemas com efeitos que extrapolam as fronteiras de propriedade da organização. • Implicam prejuízo material para a organização e/ou para outras partes interessadas. • Ferem a política ambiental, mas não necessariamente infringem leis, regulamentos ou contratos.
Marginal	(2 pontos)	• Consumo moderado de recursos naturais, geração moderada de poluição e rejeitos, danos pequenos ao sistema ou ao meio ambiente. • Problemas que não se limitam a uma única área na organização, porém não extrapolam as fronteiras de propriedade desta. • Não implicam prejuízo para ecossistemas, clientes ou outras partes interessadas, porém, podem lhes causar desconforto. • Comprometem objetivos e metas ambientais, mas não infringem leis, regulamentos ou contratos.
Desprezível	(1 ponto)	• Consumo desprezível de recursos naturais, não causam poluição significativa, não causam danos a sistemas ou ao meio ambiente. • Problemas que se restringem a uma área limitada pelas fronteiras da organização. • Não infringem leis, regulamentos ou contratos, nem prejudicam o cumprimento da política ambiental ou a obtenção de objetivos e metas.

→ **QUADRO 4.6**
MATRIZ DE RISCO/RELEVÂNCIA

		RELEVÂNCIA			
		DESPREZÍVEL	MARGINAL	CRÍTICA	CATASTRÓFICA
FREQUÊNCIA		1	2	3	4
Frequente	5	5	10	15	20
Provável	4	4	8	12	16
Ocasional	3	3	6	9	12
Remota	2	2	4	6	8
Improvável	1	1	2	3	4

→ **QUADRO 4.7**
INTERPRETAÇÃO DO RISCO/RELEVÂNCIA

1	Condição que pode ser desprezada.
2-3	Podem ter como consequência reclamação de partes interessadas, porém não causam danos significativos ao meio ambiente ou infringem drasticamente o SGA da organização.
4-9	Podem ter como consequência multas, não alcance de metas e objetivos do SGA e prejuízos materiais para a organização e/ou partes interessadas.
10-20	Podem ter como consequência danos irreversíveis a ecossistemas, causar altos danos materiais a organização e/ou partes interessadas e podem ameaçar gravemente a saúde das pessoas e levar à interdição de atividades da organização.

A equipe deve obervar se existem medidas de controle (ou programas ambientais) que possam ser aplicadas para cada aspecto ambiental, considerando que, para controlar e/ou reduzir um aspecto ambiental específico, pode ser necessária mais de uma medida de controle (ou programa ambiental), e mais de um aspecto ambiental pode ser controlado e/ou reduzido por uma mesma medida de controle (ou programa ambiental). As medidas *end of pipe* devem ser cogitadas por último; primeiro deve ser considerada a filosofia de não gerir, reduzir, reutilizar e reciclar.

Medidas de controle também podem avaliar ações de Produção limpa, Produção mais limpa, *Design* ambiental, ACV – Análise de ciclo de vida.

Na condução da análise de aspectos ambientais, a equipe de GAIA-PCC deve buscar a identificação de aspectos ambientais de natureza tal que sua eliminação, ou a redução do impacto ambiental correlacionado a um nível aceitável, seja essencial para uma produção com impactos mínimos ao meio ambiente, o que será de extrema importância no próximo passo. Ver **Anexo 1**.

Princípio 2 ➜ **Determinação dos pontos críticos de controle ambiental (PCC-A)**

Neste contexto, ponto crítico de controle ambiental (PCC-A) é qualquer etapa do processo em que um controle deva ser aplicado, essencial para prevenir, eliminar ou reduzir a um nível aceitável aspectos ambientais, evitando ou minimizando impactos ambientais, principalmente aqueles que representem risco de acidentes ambientais ou não atendimento das metas ambientais (comprometem o desempenho ambiental).[11]

Pode não haver ou haver um ou vários PCC-A em um processo. Pode existir mais de um PCC-A no qual um controle seja aplicado para controlar um mesmo aspecto ambiental, ou o controle em um único PCC-A pode fiscalizar mais de um aspecto ambiental.

Se um aspecto ambiental for identificado em uma etapa que necessite um controle para evitar impactos ambientais e se nela ou em outra etapa não existir medida de controle, então o processo deve ser modificado nessa etapa ou em um estágio anterior ou posterior, de maneira a incluir essa medida. Ver **Anexos 1 e 2**.

Princípio 3 ➜ **Estabelecimento de limites críticos para cada PCC-A**

Limites críticos devem ser especificados e validados, se possível, para cada PCC-A. Em alguns casos, mais de um limite crítico pode ser estabelecido em uma etapa em particular.

Limites críticos ambientais podem ser obtidos com base em limites legais de geração de resíduos, emissões, efluentes, ruídos e radiações ou a partir de metas ambientais da própria organização, principalmente no que se refere a economia de recursos e energia. Ver **Anexo 2**.

Princípio 4 ➙ Estabelecimento de um sistema de monitoramento para cada PCC-A

Os procedimentos de monitoramento devem ser capazes de detectar perda de controle de um PCC-A. Além disso, o monitoramento deve fornecer essa informação a tempo de se fazerem ajustes para assegurar o controle do processo de forma a prevenir a violação dos limites críticos.

Ajustes de processo devem ser feitos, onde possível, quando os resultados de monitoramento indicarem uma tendência que possa levar a uma perda de controle do PCC-A, de preferência antes que o desvio ocorra.

Os dados resultantes do monitoramento devem ser avaliados por uma pessoa designada, que tenha conhecimento e autoridade para conduzir ações corretivas quando necessário.

Se o monitoramento não for contínuo, a frequência (intervalos entre as observações de controle) deve ser suficiente para garantir o controle do PCC-A. Ver **Anexo 2**.

Princípio 5 ➙ Estabelecimento de ações corretivas para casos de desvio

Ações para casos de desvio devem ser desenvolvidas previamente para cada PCC-A, de maneira a tratar de imediato os eventuais desvios que possam ocorrer. Essas ações devem assegurar que o PCC-A seja reconduzido de volta ao controle antes que ocorram impactos significativos ao meio ambiente.

Devem existir procedimentos para correção de desvios, e, quando ocorrerem, uma não conformidade deve ser estabelecida; ações corretivas e preventivas devem ser realizadas para evitar a reincidência do problema. Ver **Anexo 2**.

Princípio 6 ➙ Estabelecimento de procedimentos de verificação

Métodos, procedimentos e testes de verificação, incluindo amostragem aleatória e análises ambientais (monitoramento de ar, solo e lençóis freáticos), podem ser utilizados para determinar se o sistema GAIA-PCC está funcionando de maneira correta. A frequência da verificação deve ser suficiente para confirmar a eficácia desse sistema e a necessidade de manter os PCC-A sob controle. Auditorias internas também se prestam a esse fim.

Quando possível, atividades de validação devem incluir ações para confirmar a eficácia de todos os elementos do plano GAIA-PCC. Ver **Anexo 3**.

Princípio 7 ➔ **Estabelecimento da documentação e da guarda de registros**

Os procedimentos GAIA-PCC devem ser documentados, e os monitoramentos, registrados. A documentação e a guarda dos registros devem ser apropriadas à natureza e ao tamanho da operação.

Além dos documentos e registros que demonstram a conformidade das ações da organização em relação à política ambiental, também devem ser guardadas comunicações com partes interessadas[12] (recebimento e resposta).

➔ **OBJETIVOS, METAS E PROGRAMAS**

Os objetivos gerais da política ambiental estabelecem um quadro para as decisões e as ações ambientais relevantes em um plano executivo; todavia, são genéricos demais para serem diretamente aplicados. Para tornar aplicáveis os objetivos gerais da política ambiental, é preciso convertê-los em metas concretas para áreas designadas pela organização, logicamente focando aquelas com maior potencial de causar impactos ambientais significativos.

O desdobramento da política em objetivos quantificados feito de forma sucessiva ao longo de todos os níveis da organização permite que cada pessoa saiba exatamente de que forma deve contribuir com o sistema de gestão, fazendo a organização tornar-se mais "manobrável", ágil e dinâmica.

O requisito 4.4.3 da ISO 14001 trata desse tema e está transcrito no **Quadro 4.8**.

Os objetivos a serem estabelecidos devem ser mensuráveis sempre quando praticáveis, ou seja, somente não o devem ser quando a organização não encontrar formas adequadas para realizar seu acompanhamento de forma quantitativa. Essa recomendação tem como finalidade facilitar a análise crítica dos resultados pelos processos de monitoramento, possibilitando avaliar o desempenho do SGA de forma mais eficaz e baseada em fatos.

Porém, não é suficiente apenas definir os objetivos e metas ambientais. Além disso, é necessário estabelecer, por meio de programas concretos, o caminho pelo qual esses objetivos podem ser alcançados. Não basta determinar o que se quer fazer, mas planejar o caminho, o como será feito.

> **QUADRO 4.8**
> REQUISITO 4.3.3 DA NORMA ISO 14001

4.3.3 OBJETIVOS, METAS E PROGRAMA(S)

A organização deve estabelecer, implementar e manter objetivos e metas ambientais documentados, nas funções e níveis relevantes na organização.

Os objetivos devem ser mensuráveis, quando exequível, e coerentes com a política ambiental, incluindo os comprometimentos com a prevenção de poluição, com o atendimento aos requisitos legais e outros subscritos pela organização e com a melhoria contínua.

Ao estabelecer e analisar seus objetivos e metas, uma organização deve considerar os requisitos legais e outros requisitos por ela subscritos, e seus aspectos ambientais significativos. Deve também considerar suas opções tecnológicas, seus requisitos financeiros, operacionais, comerciais e a visão das partes interessadas.

A organização deve estabelecer, implementar e manter programa(s) para atingir seus objetivos e metas. O(s) programa(s) deve(m) incluir

a) atribuição de responsabilidade para atingir os objetivos e as metas em cada função e nível pertinente da organização, e os meios e o prazo no qual estes devem ser atingidos.

Fonte: International Organization for Standardization (2004).

Os objetivos e as metas devem construir uma base mensurável para tomada de decisão, o que permite um gerenciamento efetivo do sistema de gestão ambiental, que, bem conduzido, permitirá avançar no processo de melhoria contínua, criando oportunidades de redução de impactos ambientais, seja a partir de mudanças em práticas e procedimentos adotados, na inovação de processos e produtos, na escolha e adoção de tecnologias ou na forma de controlar riscos e aspectos ambientais. É essencial que as metas determinadas possam ser medidas e alcançadas, pois o compromisso com a melhoria contínua significa que padrões cada vez mais elevados devem ser estabelecidos.

O anexo A da Norma ISO 14001 explica que é importante a criação e o uso de um ou mais programas ambientais para que a implementação de um SGA seja bem-sucedida. Nesse anexo, também existe a recomendação de que cada programa ambiental descreva como os objetivos e as metas da organização serão atingidos, incluindo-se cronogramas, recursos necessários e pessoal responsável. Os programas ambientais devem ser dinâmicos e atualizados periodicamente de modo a refletir mudanças nos objetivos e nas metas da organização.

Para estabelecer seus objetivos, metas e programas ambientais, a organização deve considerar, entre outros fatores, os seguintes itens (**Fig. 4.2**):

1. resultados obtidos da identificação de aspectos e impactos ambientais;
2. resultados das exigências legais e outras;
3. opções tecnológicas existentes;
4. recursos financeiros e operacionais existentes;
5. visão dos trabalhadores, do grupo gestor, de acionistas, das vizinhanças e de outras partes interessadas;
6. novos empreendimentos e novos projetos;
7. dados históricos referentes às questões ambientais.

Os objetivos do SGA devem:

1. ser alinhados com os objetivos globais da organização;
2. permitir a revisão de suas partes;
3. trazer benefícios para toda a organização.

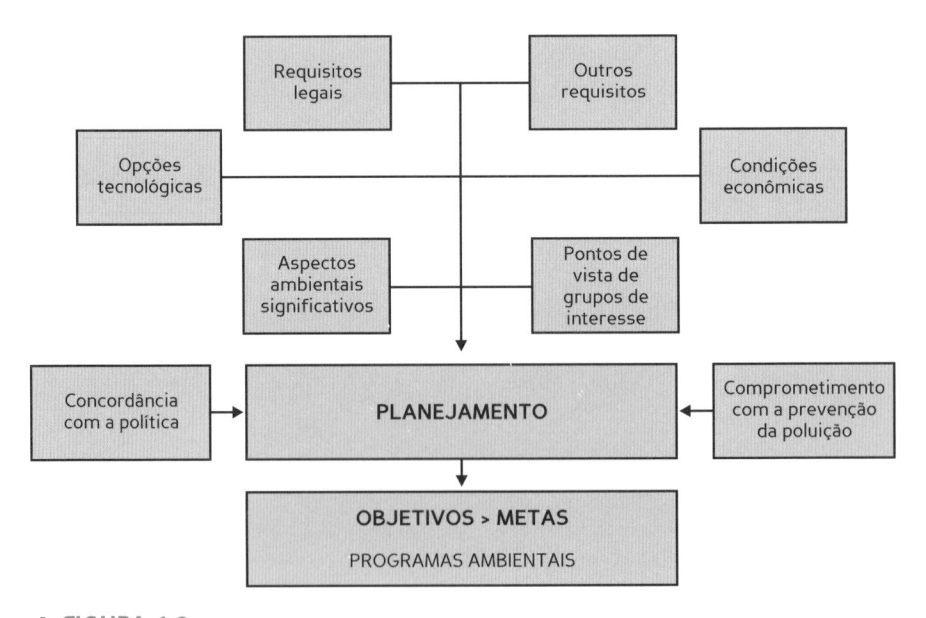

→ **FIGURA 4.2**
Elementos a serem considerados na elaboração de objetivos, metas e programas ambientais.

Nos **Quadros 4.9** a **4.17** são apresentados exemplos de programas ambientais aplicáveis em indústrias alimentícias.

→ **QUADRO 4.9**
PROGRAMA AMBIENTAL PARA ECONOMIA DE ENERGIA ELÉTRICA

Meta: Consumo máximo de X kW/tonelada de produto fabricado, o que representará uma redução de Y% em relação à média do consumo do último ano.

Prazo: 1 ano para atingir a meta.

Responsável: Chefe da manutenção elétrica.

Ações planejadas:

1. Treinamento e conscientização dos empregados via informativo interno, murais, palestras e intranet, para que evitem desperdícios: apagar luzes ao sair das áreas de trabalho; desligar os monitores dos computadores quando não estiverem em uso; não deixar equipamentos e máquinas ligados quando não estiverem sendo utilizados (a menos que seja necessário ao processo).

2. Reformulação da iluminação externa e interna da fábrica: aquisição de lâmpadas econômicas e análises para otimização dos pontos de iluminação; onde possível, substituição da iluminação artificial por natural.

3. Sistema automatizado para desligamento de condicionadores de ar em áreas não prioritárias, seguido das câmaras frias que, após desligadas, terão as portas travadas para evitar troca térmica, sempre que o consumo de energia estiver a 5% dos limites contratuais estabelecidos com a companhia de energia em horários de pico.

4. Substituição dos contêineres por câmaras frias com antecâmaras, para minimizar troca térmica com o meio externo e conservar melhor a temperatura interna.

5. Análise para redimensionamento dos motores de alta potência de acordo com a real necessidade dos equipamentos.

6. Programa de investimentos para substituição de bombas e motores de baixo desempenho por equipamentos de alto desempenho (adoção de motores de alto rendimento como padrão da empresa).

7. Geração de energia por meio de gerador próprio que utilize resíduos de cepilhos, cavacos, serragem e casca de arroz ou bagaço de cana (parceria com empresas da região).

→ **QUADRO 4.10**
PROGRAMA AMBIENTAL PARA ECONOMIA DE ÁGUA

Meta: Consumo máximo de X m³/tonelada de produto fabricado, o que representará uma redução de Y% em relação à média do consumo do último ano.

Prazo: 2 anos para atingir a meta.

Responsável: Chefe dos serviços gerais.

Ações planejadas:

1. Treinamento de todos os empregados, por meio de peça teatral, para evitarem o desperdício de água.
2. Treinamento dos empregados do laboratório, por intermédio de palestra e reunião, para nunca deixarem torneiras abertas desnecessariamente e para terem horários específicos de limpeza das vidrarias, de forma a racionalizar o trabalho e gerar economia de água.
3. Aquisição de bicos especiais para mangueiras, que fechem sozinhos quando a mangueira é solta, e de bombas que pressurizem o jato de água, otimizando sua utilização nos processos de limpeza e higienização.
4. Revisão dos Procedimentos operacionais de limpeza (POPs), visando métodos mais econômicos e com cotas de água predeterminadas por lavagem.
5. Instalação de hidrômetros em todas as seções para permitir monitoramento pontual e determinação das principais áreas de consumo de água, para focar novas ações.
6. Plano para reformas de banheiros usando pias com torneiras semiautomáticas que desliguem por sistema temporizador e vasos sanitários com descargas econômicas.
7. Plano de otimização de processos para analisar e testar a remoção de água em formulações sem comprometer as características físico-químicas e organolépticas de produtos nos quais haja concentração ou secagem posterior.
8. Construção de tanques com sistema para reutilização de água de refrigeração ou aquecimento de trocadores de calor, que, além de economizarem água, contribuem para economizar energia.
9. Construção de cisternas para guardar água da chuva a fim de ser utilizada na lavagem de pátios e para molhar jardins.
10. Reutilização da água da estação de tratamento de efluentes (ETE) para fins não potáveis, como irrigação paisagística, combate ao fogo, descarga de vasos sanitários, lavagem de veículos, lavagem de ruas, etc.

→ **QUADRO 4.11**
PROGRAMA AMBIENTAL PARA AQUISIÇÃO DE INSUMOS AMBIENTALMENTE CORRETOS

Meta: Aquisição de 100% de insumos conforme as especificações decorrentes do SGA.

Prazo: 2 anos para atingir a meta.

Responsável: Gerente de compras.

Ações planejadas:

1. Inclusão de critérios no programa de qualificação de fornecedores, dando preferência aos que tenham SGA implantado e no mínimo licença ambiental (LA).

2. Aquisição de produtos naturais (guaraná, pimenta, ervas, etc.) somente de reservas extrativistas legalizadas.

3. Compra somente de produtores rurais que comprovem aplicação boas práticas agrícolas (BPA) – correto manejo do solo, captação de água de fontes sustentáveis, correta aplicação de defensivos agrícolas, etc.

4. Diretriz para compra de produtos de limpeza e sanitização biodegradáveis.

5. Diretriz para compra de pilhas e baterias sem componentes tóxicos/metais pesados.

6. Diretriz proibindo a compra de produtos tóxicos, a menos que haja justificativa inquestionável. Buscar sempre possibilidade de substituição por produtos não tóxicos.

→ **QUADRO 4.12**
PROGRAMA AMBIENTAL DE MANEJO DE RESÍDUOS SÓLIDOS

Metas:

1. Reciclar 100% dos resíduos orgânicos gerados.

2. Gerar máximo de X quilos de resíduos sólidos/tonelada de produto fabricado, o que representará uma redução de Y% em relação à média de geração do último ano.

3. Dar destinação adequada a 100% dos resíduos sólidos gerados.

Prazo: 2 anos para atingir todas as metas.

Responsável: Gerente de produção.

Ações planejadas:

1. Treinamento de todos os empregados, por meio de peça teatral, sobre manejo de resíduos (evitar desperdício de embalagens e insumos) e sobre coleta seletiva.

2. Incentivo a desenvolvimento e pesquisa de novos produtos que utilizem em sua composição subprodutos do processo de produtos já desenvolvidos.

3. Implantação de coleta seletiva dos resíduos gerados na empresa, para que seja dada destinação adequada para cada um: recicláveis, não recicláveis, orgânicos e tóxicos.

4. Programa para coleta de pilhas e baterias que contenham metais pesados, para resíduos da empresa e da casa dos empregados. Após coleta, o material deverá ser encaminhado para uma empresa especializada em reciclagem desses resíduos.

5. Recolhimento das baterias velhas dos automóveis da empresa e encaminhamento para empresa especializada em avaliar e dar destinação adequada, que pode ser uma retificação, reutilização da carcaça ou de outras partes ou desmonte e reciclagem do chumbo e do mercúrio.

6. Coleta dos resíduos hospitalares do ambulatório em embalagens especiais e encaminhamento para que a prefeitura da cidade disponha de maneira adequada (incineração a uma temperatura de 800 a 1.000°C).

7. Autoclavação de todo resíduo derivado de análises microbiológicas antes do descarte.

8. Resíduos classe I: encaminhamento de todo resíduo de fontes não tóxicas, porém não inertes e não recicláveis, para empresa especializada que analisará se pode reagir com outros resíduos classe I; se positivo, armazenamento em células impermeáveis e cobertas para evitar percolação com água de chuva.

→

→ **QUADRO 4.12** (continuação)
PROGRAMA AMBIENTAL DE MANEJO DE RESÍDUOS SÓLIDOS

9. Resíduos classe II: encaminhamento de material contendo isopor, borracha, equipamentos de segurança, etc. a empresa especializada para armazenagem em células impermeáveis e providas de drenos que direcionem o chorume[13] proveniente da percolação da chuva para uma ETE.

10. Resíduos orgânicos: destinação de todo resíduo orgânico, como cascas de frutas, resíduos do refeitório, produtos rejeitados ou com defeitos que não possam ser reaproveitados, lodo proveniente dos tanques aeróbio da ETE e papel higiênico para processo de compostagem[14] a fim de ser utilizado em plantações da empresa.

11. Campanha no refeitório para minimizar o desperdício de comida, incentivando que seja servido apenas o que vai ser consumido.

12. Encaminhamento de lâmpadas fluorescentes queimadas para empresa especializada em coletar o gás de seu interior, remover o mercúrio, para depois dar-lhes destinação e só então reciclar vidros e partes metálicas.

13. Encaminhamento de resíduos de vidros para empresa especializada em sua reciclagem.

14. Encaminhamento de sucatas de metal para siderúrgicas reutilizarem na fabricação arames, vergalhões, barras, etc.

15. Reutilização de sacos plásticos de insumos para recolher resíduos nas áreas e no refeitório.

16. Utilização de paletes velhos e deteriorados ou outros restos de madeira e embalagens de papel na caldeira para gerar energia.

17. Encaminhamento de bombonas plásticas, baldes e tambores metálicos de insumos utilizados para empresa especializada em reforma e reutilização.

18. Encaminhamento de pneus velhos dos carros da frota da empresa para empresas especializadas em recauchutagem, e, caso não seja possível, encaminhá-los para fabricação de sola de calçados e tapetes de automóveis.

19. Encaminhamento de sacos de ráfia provenientes de insumos alimentícios utilizados para serem usados nas fazendas da empresa.

20. Projeto para desenvolver embalagens recicláveis e com menor ciclo de vida e campanha dirigida aos clientes incentivando a reciclagem.

→ **QUADRO 4.13**
PROGRAMA AMBIENTAL PARA CONTROLE E MINIMIZAÇÃO DOS POLUENTES ATMOSFÉRICOS

Meta: Controlar as emissões de poluentes atmosféricos para que não atinjam a metade das especificações previstas em legislação.

Prazo: 1 ano para atingir a meta.

Responsável: Chefe da manutenção mecânica.

Ações planejadas:

1. Programa para substituição dos condicionadores de ar que utilizam CFC[15] por modelos que não utilizam, minimizando a contribuição para problemas na camada de ozônio.[16]

2. Caso use combustível fóssil, como todo óleo com baixo ponto de fluidez (BPF) normalmente contém mercaptanas, portanto, moléculas que possuem enxofre e também compostos que geram compostos azotados, deve-se, então, controlar a queima nas caldeiras e executar manutenções preventivas para garantir que o lançamento de NO_x na forma de NO_2, de SO_x na forma de SO_2, de partículas totais, de CO (ppm), de CO_2 (%), e a densidade colorimétrica obedecerão aos limites legais – realizar análises semestrais para verificar os níveis de poluentes lançados na atmosfera e, se necessário, realizar ações corretivas.

3. Substituição do uso de combustíveis fósseis por combustíveis renováveis. Um exemplo nesse sentido é a Ducoco Alimentos, que, em sua planta industrial localizada em Itapipoca, no Ceará, utiliza como combustível o endocarpo lenhoso do coco maduro, além de cascas de castanhas de caju e aparas da poda de cajueiros de empresas da região. Além disso, ela doa para cerâmicas da região o exocarpo e o endocarpo residual da extração de água dos frutos verdes. Assim, todo o carbono gerado em sua caldeira é proporcional àquele que os coqueiros e cajueiros irão utilizar no crescimento de novos frutos, proporcionando um balanço favorável à empresa na redução do lançamento de gases do efeito estufa.

4. Na entrada de caminhões e automóveis na empresa, determinar o grau de densidade da fumaça proveniente dos canos de descarga usando uma escala de Ringelmann, e, se for igual ou acima de 40%, encaminhar o veículo para regulagem do motor em, no máximo, uma semana. Caso o veículo não seja da empresa, mas de transportadoras terceirizadas, acionar a transportadora para tomar providências, alertando que há desperdício de combustível pelo motor desregulado e que o ar está sendo poluído. Na terceira ocorrência, advertir a empresa e, se houver reincidência, descredenciá-la.

5. Execução de manutenções preventivas nas câmaras frias e nos caminhões frigoríficos para evitar vazamentos de amônia.

→

→ **QUADRO 4.13** (continuação)
PROGRAMA AMBIENTAL PARA CONTROLE E MINIMIZAÇÃO DOS POLUENTES ATMOSFÉRICOS

6. Colocação de sistemas de captação de partículas (ciclones ou filtros de manga) e de lavagem de gases (scrubbers) para evitar lançamento de partículas ou odores nas vizinhanças.

7. Queima de todo o gás metano liberado pela ETE. A queima do metano produz dióxido de carbono; ambos provocam efeito estufa, do que gera o aquecimento global,[17] porém, o CO_2 é 25% menos prejudicial do que o CH_4.

→ **FIGURA 4.3**
Unidade de geração de vapor da Ducoco Alimentos, utilizando resíduos de casca de coco e de castanha de caju como combustível.

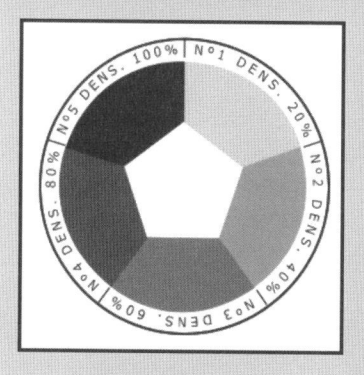

→ **FIGURA 4.4**
Escala de Ringelmann.

→ **QUADRO 4.14**
PROGRAMA AMBIENTAL PARA CONTROLE E MINIMIZAÇÃO DOS EFLUENTES

Metas:

1. Garantir que todo efluente gerado obedecerá aos limites legais.
2. Gerar o máximo de X m³ de efluentes/tonelada de produto fabricado, o que representará uma redução de Y% em relação à média de geração do último ano.

Prazo: 1 ano para atingir as metas.

Responsável: Chefe dos serviços gerais.

Ações planejadas:

1. Treinamento dos empregados para minimizar a geração de efluentes, explicando a importância de varrer as áreas e recolher os resíduos dos equipamentos antes de utilizar água.
2. Análise de áreas onde seja possível substituir limpeza a úmido por limpeza a seco.
3. Treinamento dos empregados do laboratório, por meio de palestra e reunião, para nunca jogarem resíduos de análises nas pias, pois isso irá envenenar a microbiota dos tanques de tratamento de efluentes aeróbio e anaeróbio.
4. Realização de controles diários dos parâmetros legais (pH, DBO, DQO, sólidos totais, sólidos solúveis, sólidos sedimentáveis, acidez e alcalinidade) dos efluentes tratados na ETE e lançados no curso d'água.
5. Construção de uma bacia de contenção para os tanques de insumos usados no tratamento de efluentes da ETE.
6. Utilização de água tratada na ETE para irrigação de lavouras.

DBO = demanda biológica de oxigênio; DQO = demanda química de oxigênio.

→ **QUADRO 4.15**
PROGRAMA AMBIENTAL PARA EDUCAÇÃO E CONSCIENTIZAÇÃO AMBIENTAL

Meta: Recuperar 100% das áreas degradas em decorrência das atividades da empresa.

Prazo: 5 anos para atingir a meta.

Responsável: Gerente de recursos humanos e agrônomo da empresa.

Ações planejadas:

1. Aumento de 10% das áreas de reserva legal nas fazendas da empresa, superando esse valor ao estipulado pelas obrigações previstas na legislação.

2. Elaboração e execução de projeto de construção de uma trilha ecológica nas áreas de reserva legal nas fazendas da empresa, permitindo conservação de área de Mata Atlântica, com orquidário para enriquecimento da biodiversidade local e utilização para lazer dos empregados, e realização de projetos de educação ambiental com escolas da comunidade.

3. Identificação das espécies arbóreas (coleta de material botânico para posterior identificação das que não forem reconhecidas no local) e plaqueamento de todas as árvores situadas nas margens da trilha até uma distância de 5 metros na área da trilha ecológica, assim como identificação das espécies animais (pássaros, mamíferos, insetos e répteis).

4. Desenvolvimento de folheto informativo para visitantes da trilha ecológica com informações sobre espécies vegetais e animais do local.

5. Programa de educação ambiental nas escolas das comunidades onde moram os funcionários da empresa, com o objetivo de estimular nas crianças a valorização da natureza, promover a divulgação de ideias sobre vida mais saudável em harmonia com o meio ambiente, reciclagem, proteção ambiental e economia de recursos naturais.

6. Suporte técnico para que as escolas que participam do programa de educação ambiental implantem programas de coleta seletiva e reciclagem de resíduos sólidos.

7. Construção de viveiro com sementes provenientes da área do entorno da trilha ecológica para ser usado em recuperação de áreas degradadas.

8. Caso seja necessário, recuperação da mata ciliar próxima à empresa e em suas plantações com árvores nativas provenientes do viveiro.

→ **QUADRO 4.16**
PROGRAMA AMBIENTAL PARA RECUPERAÇÃO DE ÁREAS INADEQUADAS

Meta: Recuperar 100% da mata ciliar do córrego que cruza o terreno onde está instalada a planta industrial e/ou a fazenda da empresa.

Prazo: A partir de 2011.

Responsável: Gerente agrícola.

Ações planejadas:

1. Identificação das áreas que requerem recuperação da mata ciliar (analisar fotos de satélite e delimitar áreas para recuperação ambiental).
2. Fotografias *in loco* das áreas onde será realizada recuperação ambiental.
3. Identificação das espécies nativas do próprio local que podem ser utilizadas no processo de recuperação ambiental.
4. Identificação e classificação das espécies em pioneiras, secundárias e climácicas.
5. Pesquisa de espécies não encontradas na área, porém também típicas de mata ciliar na região e apropriadas para processo de recuperação ambiental.
6. Determinação do número de espécies pioneiras, secundárias e climácicas necessárias ao processo de recuperação ambiental das áreas demarcadas.
7. Criação de viveiro de mudas com espécies nativas da área demarcada.
   7.1. Coleta de sementes no local.
   7.2. Plantio das sementes em sacos plásticos para montagem de viveiro.
   7.3. Quebra de dormência das sementes.
   7.4. Acompanhamento diário do viveiro com rega e outros cuidados fitossanitários.
8. Compra de mudas prontas para auxiliar no processo de recuperação ambiental.
9. Replantio das espécies nativas nas áreas degradadas.
10. Mapeamento de onde serão plantadas espécies pioneiras, secundárias e climácicas.
11. Preparo do local para o plantio (roçada).
12. Análise do solo para determinar se necessita de correção.
13. Coroamento (80 cm de diâmetro para cada cova).
14. Coveamento (20 cm de diâmetro e 30 cm de profundidade).
15. Plantio (mudas com altura mínima de 25 cm, recipiente de 1 litro).
16. Fotografias *in loco* das áreas após o plantio das mudas.
17. Quantificação da biodiversidade do terreno da empresa (espécies vegetais e animais – aves, répteis e mamíferos). →

→ **QUADRO 4.16** (continuação)
PROGRAMA AMBIENTAL PARA RECUPERAÇÃO DE ÁREAS INADEQUADAS

18. Identificação de espécies dispersoras de sementes.
19. Treinamento e conscientização para evitar novos desmatamentos.
20. Acompanhamento do desenvolvimento das mudas nas áreas.
21. Replantio das mudas que não se desenvolveram.
22. Quantificação de espécies que tiveram melhor e pior desenvolvimento.
23. Fotografias das áreas *in loco* semestralmente, acompanhando o progresso do processo de recuperação ambiental.
24. Montagem de material com o processo de recuperação de espécies/biodiversidade local, para ser utilizada em educação ambiental (levar visitantes de universidades para conhecer o local).

→ **QUADRO 4.17**
REDUÇÃO DO USO DE DEFENSIVOS AGRÍCOLAS

APLICAÇÃO DE TÉCNICAS AGRÍCOLAS AMBIENTALMENTE CORRETAS

Meta: Converter a produção de X% dos produtos agrícolas da empresa em produtos orgânicos.

Prazo: 2 anos para atingir a meta.

Responsável: Agrônomo da empresa.

Ações planejadas:

1. Conversão de 15% das plantações da empresa em áreas com produtos orgânicos.
2. Nas áreas de plantações orgânicas, não utilizar fertilizantes químicos, apenas os orgânicos provenientes do sistema de compostagem.
3. Nas áreas de plantações orgânicas, não utilizar defensivos químicos (agrotóxicos),[18] apenas fazer uso de controle/manejo biológico de pragas.
4. Nas áreas não orgânicas, intensificar o manejo correto do solo, a aplicação adequada de defensivos e adubos, considerando uso apenas de defensivos permitidos e apropriados à cultura, a aplicação seguindo corretamente a técnica, e respeito total aos prazos de carência pré-colheita.

MANEJO E GERENCIAMENTO DE RESÍDUOS

Diversas ações envolvem o controle de aspectos ambientais em uma organização, mas uma das ações que podemos chamar de "clássicas" na indústria de alimentos está correlacionada ao manejo dos resíduos sólidos[19] gerados para propiciar sua correta destinação e minimizar impactos ambientais.

O tema é foco da resolução CONAMA nº 5, de 5 de agosto de 1993 – Gerenciamento, tratamento e disposição final de resíduos sólidos; da Resolução CONAMA nº 313, de 29 de outubro de 2002 – Dispõe sobre o Inventário Nacional de Resíduos Sólidos Industriais e é também tratado pelas Normas ABNT: Resíduos sólidos – Classificação – ABNT 10.004, 10.005, 10.006 e 10.007.

A geração de resíduos sólidos deve ser prevenida; porém, uma vez que seja inevitável, deve ser minimizada o quanto possível. Os resíduos gerados devem ter como destinação prioritária a reutilização (reprocesso), seguida da reciclagem. Uma vez que um resíduo não possa ser reutilizado ou reciclado, deve ser tratado ou disposto em local adequado previsto pela legislação.

Todos os resíduos gerados nas plantas industriais devem ser acondicionados em sacos plásticos e mantidos em recipiente fechado constituído de material de fácil higienização e com tampa de acionamento por pedal. Esses recipientes devem ter uma identificação conforme as cores[20] ilustradas na **Figura 4.5**.

Todos os funcionários da organização devem ser treinados na realização da coleta seletiva. É responsabilidade do supervisor de cada área garantir que sua equipe execute essa coleta.

Todos os recipientes de resíduos devem ser limpos pelo menos uma vez por semana.

Os resíduos removidos devem ser direcionados para contêineres localizados na área externa.

Os contêineres nos quais os resíduos serão armazenados antes de sua coleta e destinação para área apropriada nunca devem estar próximos às entradas das plantas industriais alimentícias (mínimo 10 metros de distância).

As áreas de destinação de resíduos devem ser preferencialmente cobertas, cercadas com tela e mantidas limpas, para evitar a atração de pragas urbanas. Os resíduos orgânicos devem ser mantidos dentro de caçambas fechadas de forma adequada. Devem ser recolhidos dessas áreas quando os recipientes estiverem cheios ou pelo menos uma vez por mês.

Como sugestão, os resíduos sólidos gerados devem receber, de preferência, uma das destinações previstas no **Quadro 4.18**.

Segundo a Resolução CONAMA nº 313, de 29 de outubro de 2002, que Dispõe sobre o Inventário Nacional de Resíduos Sólidos Industriais, em seu

Papel	Metal	Plástico	Vidro	Orgânico Varredura	Resíduos não recicláveis	Resíduos perigosos
Azul	Amarelo	Vermelho	Verde	Marrom	Cinza	Laranja

→ **FIGURA 4.5**
Padrão de cores para coleta seletiva.

Art. 4º, apenas as indústrias classificadas nas seguintes tipologias: I – preparação de couros e fabricação de artefatos de couro, artigos de viagem e calçados; II – fabricação de coque, refino de petróleo, elaboração de combustíveis nucleares e produção de álcool; III – fabricação de produtos químicos; IV – metalurgia básica; V – fabricação de produtos de metal, excluindo máquinas e equipamentos; VI – fabricação de máquinas e equipamentos; VII – fabricação de máquinas para escritório e equipamentos de informática; VIII – fabricação e montagem de veículos automotores, reboques e carrocerias; e IX – fabricações de outros equipamentos de transporte, deverão apresentar ao órgão estadual de meio ambiente informações sobre geração, características, armazenamento, transporte e destinação de seus resíduos sólidos. Assim, fica a indústria alimentícia desobrigada do envio de tais informações, a menos que por exigência específica do órgão estadual de meio ambiente, conforme prevê o § 2º da mesma legislação.

A destinação dos resíduos sólidos deve sempre ser conhecida, assim como o destino dado pelo comprador desses resíduos, e deve ser verificado se este tem licença ambiental de operação (LAO).

PRODUÇÃO MAIS LIMPA

O tema análise de aspectos ambientais e impactos correlacionados está em simbiose com o tema controle operacional, pois o segundo é a solução para o controle e a minimização do primeiro. Então, se falarmos em controle operacional na indústria de alimentos, estaremos falando em produção, e se quisermos minimizar impactos ao meio ambiente, deveremos tratar dos conceitos de produção mais limpa.

Produção mais limpa (PmaisL) é a aplicação contínua de uma estratégia técnica, econômica e ambiental integrada aos processos, produtos e serviços, a fim de aumentar a eficiência no uso de matérias-primas, água e energia, pela não geração, minimização ou reciclagem de resíduos e emissões, com benefícios ambientais, de saúde ocupacional e econômicos.

→ **QUADRO 4.18**
DESTINAÇÕES PREVISTAS PARA RESÍDUOS SÓLIDOS

TIPO DE RESÍDUOS		DESTINO
Resíduos recicláveis	Papel e papelão	• Encaminhar resíduos de papel e papelão para empresa especializada em sua reciclagem.
	Plástico	• Reutilizar sacos plásticos de insumos para colocar resíduos nas áreas e no refeitório. • Encaminhar resíduos de plástico para empresa especializada em sua reciclagem. • Encaminhar bombonas plásticas e baldes de insumos utilizados para empresa especializada em reforma e reutilização.
	Metal	• Encaminhar sucatas de metal para siderúrgicas reutilizarem na fabricação de arames, vergalhões, barras, etc. • Encaminhar tambores metálicos de insumos utilizados para empresa especializada em reforma e reutilização.
	Vidro	• Encaminhar resíduos de vidros para empresa especializada em sua reciclagem. • Encaminhar lâmpadas fluorescentes queimadas para empresa especializada em coletar o gás de seu interior, remover o mercúrio e depois dar-lhes destinação adequada, para então reciclar vidros e partes metálicas.
	Madeira	• Utilizar como fonte de energia nas caldeiras. • Cascas de madeira devem ser destinadas para compostagem.
Resíduos não recicláveis	Inertes	• Resíduos classe II B (inertes): encaminhamento de material contendo isopor, borracha, equipamentos de segurança, etc., a empresa especializada, para armazenagem em células impermeáveis e providas de drenos que direcionem o chorume proveniente da percolação da chuva para uma estação de tratamento de efluentes – ETE. • Pneus devem ser devolvidos ao fabricante no momento da compra de novos pneus. →

→ **QUADRO 4.18** (continuação)
DESTINAÇÕES PREVISTAS PARA RESÍDUOS SÓLIDOS

TIPO DE RESÍDUOS	DESTINO
	• Sacos de ráfia devem ser vendidos para empresas que fazem reutilização. • Resíduos de construção civil (tijolos, areia, cimento, cerâmicas, etc.) devem ser alocados em caixa Brook e destinados a empresa especializada, para armazenagem em células impermeáveis e providas de drenos que direcionem o chorume proveniente da percolação da chuva para uma ETE.
Não inertes	• Resíduos classe II A (não inertes): encaminhamento de todo resíduo de fontes não tóxicas, porém, não inertes e não recicláveis, para empresa especializada, que analisará se pode reagir com outros resíduos classe II A. Se positivo, destinar para armazenagem em células impermeáveis e cobertas para evitar percolação com água da chuva.
Perigosos	• Resíduos classe I (perigosos): destinar para armazenagem em células impermeáveis e cobertas para evitar percolação com água da chuva. Nesse grupo estão incluídos material sujo de óleo e graxa, produtos químicos considerados perigosos, tintas, solventes e vernizes. • Coleta dos resíduos hospitalares do ambulatório em embalagens especiais e encaminhamento para a prefeitura da cidade dar disposição adequada (incineração a uma temperatura de 800 a 1.000°C). • Programa para coleta de pilhas e baterias que contenham metais pesados, para resíduos da empresa e da casa dos funcionários. Após coleta, o material deverá ser encaminhado a uma empresa especializada em encapsulamento e armazenamento de resíduos ou reciclagem. • Recolhimento das baterias velhas dos automóveis da empresa e encaminhamento para empresa →

→ **QUADRO 4.18** (continuação)
DESTINAÇÕES PREVISTAS PARA RESÍDUOS SÓLIDOS

TiPO DE RESÍDUOS		DESTINO	
		especializada em avaliar e dar destinação adequada, que pode ser retificação, reutilização da carcaça ou de outras partes ou desmonte e reciclagem do chumbo e do mercúrio.	
Resíduos orgânicos	Resíduos de refeitório	• Campanha no refeitório para minimizar o desperdício de comida, incentivando que seja servido apenas o que vai ser consumido. • Recolhimento para local licenciado; ou • Destinado à alimentação animal; ou • Compostagem em locais regulamentados.	
	Lodo industrial da ETE	• Destinar para empresa de compostagem/ produção de adubos orgânicos.	
	Produtos não conformes, inviáveis para reutilização	Devoluções	1) Destinados para alimentação animal;
		Produtos vencidos	2) Aterro sanitário.
		Produtos rejeitados e impróprios ao reprocesso	

A Produção mais limpa, com seus elementos essenciais (ver **Fig. 4.6**), adota uma abordagem preventiva em resposta à responsabilidade financeira adicional trazida pelos custos de controle da poluição e dos tratamentos de final de tubo.

No que diz respeito ao desenho dos produtos, a Produção mais limpa busca direcionar o *design* para a redução dos impactos negativos do ciclo de vida, desde a extração da matéria-prima até a disposição final. Em relação aos processos de produção, direciona para a economia de matéria-prima e energia, a eliminação do uso de materiais tóxicos e a redução nas quantidades e na toxicidade dos resíduos e das emissões. Quanto aos serviços, focaliza a incorporação das questões ambientais na estrutura e na entrega de serviços.

Sistemas de gestão ambiental na indústria alimentícia

O aspecto mais importante da Produção mais limpa é que ela requer não somente a melhoria tecnológica, mas a aplicação de *know-how* e a mudança de atitudes. Esses três fatores reunidos é que fazem o diferencial em relação às outras técnicas ligadas a processos de produção.

Aplicação de *know-how* significa melhorar a eficiência, adotando melhores técnicas de gestão, fazendo alterações por meio de práticas de *housekeeping* ou soluções caseiras e revisando políticas e procedimentos quando necessário, sempre objetivando reduzir o consumo ou desperdício de recursos naturais ou minimizar impactos indesejáveis ao meio ambiente.

Mudar atitudes significa encontrar uma nova abordagem para o relacionamento entre a indústria e o meio ambiente, pois, repensando um processo industrial ou um produto em termos de Produção mais limpa, é possível buscar a geração de melhores resultados sem exigência de novas tecnologias. Com isso, a estratégia geral para alcançar os objetivos é mudar sempre as condições na fonte em vez de lutar contra os sintomas.

Barreiras da implantação

Existe uma grande relutância para a prática de PmaisL. Os maiores obstáculos ocorrem em razão da resistência à mudança, da concepção errônea (falta de informação sobre a técnica e a importância dada ao ambiente natural), da não existência de políticas nacionais que deem suporte às atividades de produção

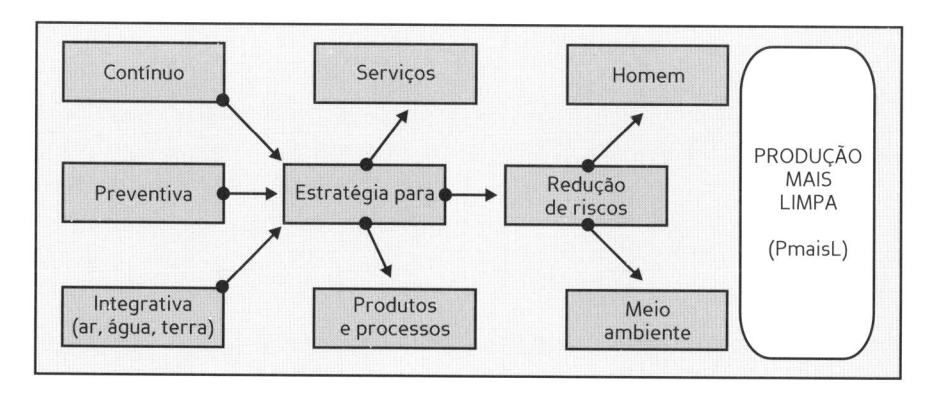

→ **FIGURA 4.6**
Elementos essenciais da estratégia de PmaisL.

mais limpa, das barreiras econômicas (alocação incorreta dos custos ambientais e investimentos) e das barreiras técnicas (custo de novas tecnologias).

As organizações ainda acreditam que sempre necessitariam de novas tecnologias para a implementação de PmaisL, quando na realidade aproximadamente 50% da poluição gerada pelas empresas poderia ser evitada apenas com a melhoria em práticas de operação e mudanças simples em processos. Por exemplo, imagine um caso hipotético de uma empresa de geleias que não atinja o resultado da DQO para o lançamento de efluentes em um corpo receptor devido à alta carga orgânica em seu efluente. Em um primeiro momento, com olhar imediatista, pode-se achar que o caminho seria investir em um *upgrade* da ETE, o que pode custar algumas centenas de reais; mas, investigando o problema, a solução poderia ser, por exemplo, antes de lavar com água os reatores de produção de geleia, fazer uma raspagem com pás para retirar o excesso aderido às paredes, reduzindo a carga orgânica inicial, de forma que provavelmente a ETE atenderia de forma eficaz. Além disso, esse material removido poderia ser destinado para utilização como ração animal ou compostagem.

Também já foi verificado que, a cada legislação obrigando as organizações a mudarem seus processos de produção ou de serviços, houve maior eficiência e menor custo de produção. Ou seja, quando é "obrigada" a buscar uma solução, a organização a encontra, e muitas vezes uma que atenda tanto ambiental quando economicamente.

Existem três impedimentos principais que servem como barreiras para a adoção de posturas corretas do ponto de vista ambiental:

1 as preocupações econômicas;
2 a falta de informações;
3 as atitudes dos gestores despreparados.

Essas barreiras impedem a visualização da diversidade de benefícios do programa, tanto para as empresas como para toda a sociedade. Os benefícios mais evidentes são a melhoria da competitividade (por meio da redução de custos ou da melhoria da eficiência) e a redução dos encargos ambientais causados pela atividade industrial.

Benefícios da implantação do programa de PmaisL

1 Redução de custos pela otimização do uso de matérias-primas, energia, água e outros recursos

2. Maior eficiência e competitividade
3. Minimização dos danos ambientais e consequente redução de riscos e responsabilidades derivadas
4. Redução das infrações aos padrões ambientais previstos na legislação
5. Melhores condições de segurança e saúde ocupacional
6. Melhoria da imagem e aumento de confiança das partes interessadas
7. Melhor relacionamento com clientes potenciais, com os órgãos ambientais; com a comunidade e outros públicos

Etapas do processo de implantação do programa de PmaisL

1. Pré-avaliação
2. Capacitação e sensibilização dos profissionais da empresa
3. Elaboração dos balanços de material e de energia do processo produtivo, por exemplo, por meio da elaboração de um fluxograma
4. Avaliação do balanço e identificação de oportunidades de PmaisL
5. Priorização das oportunidades identificadas na avaliação
6. Elaboração do estudo de viabilidade econômica das prioridades
7. Estabelecimento de um plano de monitoramento para a fase de implantação
8. Implantação das oportunidades de PmaisL priorizadas
9. Definição dos indicadores do processo produtivo
10. Documentação e registro dos casos de Produção mais limpa
11. Estabelecimento de um plano de continuidade

A PmaisL oferece oportunidades para uma relação ambiental do tipo "ganha-ganha", em que a melhoria ambiental pode andar junto com os benefícios econômicos, gerando um verdadeiro círculo virtuoso.

PROPOSTA ZERI

Pensando sobre controle operacional em uma perspectiva mais ampla, é importante que o leitor conheça os conceitos associados com a proposta Zeri.

O Zeri surgiu na Organização das Nações Unidas (ONU) como resultado da convergência de três correntes de pensamento que dominaram o cenário mundial nos últimos 60 anos: a desenvolvimentista, voltada para o crescimento econômico e a expansão da produção industrial; a social, atenta ao bem-estar humano individual e coletivo; e a ecológica, defendendo os sistemas naturais e a qualidade do meio ambiente.

Nesse contexto institucional, o Zeri emergiu de um processo de cristalização dos ideais do desenvolvimento sustentável, proclamados na Conferência de Estocolmo e consagrados na Rio-92, e da busca de estratégias apropriadas para promovê-lo.

A primeira apresentação pública do Zeri foi realizada em 1994, na sede da Universidade das Nações Unidas (UNU), em Tóquio, na presença de 30 convidados, entre os quais empresários e cientistas japoneses e representantes da mídia. A escolha do primeiro público-alvo reflete uma estratégia promocional no lançamento do Zeri, já que o Japão é um país que tem despertado certa curiosidade no mundo ocidental, especialmente sob dois aspectos: a rápida transformação de reprodutor de tecnologia em um dos líderes em pesquisa e desenvolvimento e o desempenho na recuperação após os choques dos preços do petróleo. Alia-se a isso o fato de que o país, pela escassez de matéria-prima, tende a compreender bem a necessidade de maximizar seu aproveitamento.

Conceito e princípios do Zeri

Imitar a natureza, harmonizando as atividades econômicas com os ciclos biológicos; respeitar as leis da vida sobre o Planeta (crescimento e sobrevivência) enquanto se busca progresso material e bem-estar social; e proporcionar às gerações presentes o que necessitam, sem comprometer as chances de que as futuras gerações tenham o mesmo, são os princípios fundamentais que inspiram o conceito Zeri. Advogando que a sustentabilidade ecológica e a social são intimamente ligadas e que a sobrevivência da empresa está atrelada à estabilidade dos sistemas que sustentam a vida, o Zeri propõe uma estratégia de ação voltada primeiro para a mudança de paradigma da atividade industrial, já que esta é responsável, em grande proporção, pela degradação dos ecossistemas.

Linhas mestras da estratégia do Zeri

Como parte de sua estratégia, o Zeri promove uma metodologia de mudança empresarial em cinco passos, que são:

Passo 1 ➔ Produtividade total da matéria-prima

Produtividade é uma das principais questões para competir e sobreviver no mercado. Faz parte da estratégia empresarial clássica maximizar o uso da matéria-prima e correspondentemente minimizar desperdício. O Zeri incorpora essa estratégia, mas adiciona uma dimensão maior: aproveitar os insumos em sua totalidade, mediante a eliminação de qualquer resíduo ou refugo e, com maior razão, os materiais sólidos, líquidos ou gasosos que possam alterar a vida dos sistemas ecológicos.

Vai mais longe: propõe que se produzam bens mais duráveis com a mesma quantidade de matéria-prima sem perder em eficiência. A meta proposta pelo Zeri completa-se com a exigência de uma qualidade superior do produto em termos de vida útil. Em outras palavras, a primeira linha de ação da metodologia Zeri consiste em conseguir que toda a matéria-prima esteja contida no produto final e que este tenha um ciclo de vida mais longo. Prolongar o ciclo de vida dos bens produzidos, reduzindo o termo de obsolescência, é "ecoeficiência".

É a produtividade total dos insumos, entendida no sentido dos recursos naturais, incluindo energia, e não apenas do aumento da eficiência da mão de obra, dos equipamentos ou dos processos. Esse aumento de qualidade, durabilidade e eficiência dos bens produzidos resulta em diminuição da quantidade de matéria-prima e, por consequência, em redução na extração de recursos naturais, assim como na sobrecarga de lixo depositada nos ecossistemas.

Pensando em alimentos, podemos falar em reduzir desperdício, seja nas plantações, no transporte de cargas, no armazenamento ou no processamento.

A produtividade, assim entendida, amplia consequentemente o sentido de qualidade, pois, além de buscar satisfação dos consumidores por meio do produto, evita que estes se voltem contra o fabricante pelos danos de deterioração do meio ambiente em que vive.

A busca da produtividade total começa com o estudo meticuloso de todo o processo produtivo industrial, com vistas a mapear de forma minuciosa o fluxo dos materiais, desde a entrada da matéria-prima e energia, e todas as saídas ao longo da linha de produção da empresa. Aqui, a ISO 14001 vem se juntar e reforçar a linha da metodologia do Zeri. O mapeamento permite traçar o ciclo dos materiais durante o processo industrial, identificar os pontos de fuga, bem como o balanço final dos insumos, produtos e refugos. A partir disso, é possível, também, identificar inovações tecnológicas e de processos, ou de ambos, capazes de reduzir insumos, eliminar perdas de matéria-prima e evitar emissões.

Passo 2 ➔ Ciclo de vida de materiais (modelo *output* – *input*)

No segundo passo metodológico, evolui-se do pensamento linear para o cíclico. O processo industrial tradicionalmente concebido, além do bem produzido de modo intencional, gera múltiplas "saídas" de materiais em forma de resíduos, lixo sólido, emissões de líquido e gases que não são incorporados no produto final, mas que podem passar a ser vistos como subprodutos. Tais saídas são, em geral, aceitas como efeito normal do processo de fabricação.

Na estratégia do Zeri, para fechar o ciclo dos materiais, é preciso planejar e reestruturar a produção industrial de modo que toda a matéria-prima seja transformada em bens úteis ou reintegrada aos ecossistemas sem danificá-los.

Resíduos, emissões de toda espécie e bens descartados podem ser insumos para outros produtos, mediante diversos processos produtivos adequados em que nada se perde. Para isso, em vez da visão linear do processo produtivo que se limita a "insumo – produto", se acrescenta o complemento cíclico "produto – insumo – produto". Em outras palavras, toda "saída" em forma de resíduo ou emissão é considerada insumo para produção de outros bens. "Saídas" e "descarte" costumam ser avaliados como lixo/desperdício sem valor econômico e frequentemente envolvem custo para seu despejo.

Nesse passo metodológico, portanto, é requerida rigorosa análise dos processos industriais, com o objetivo de planejar a produção industrial como um sistema "fechado", no sentido sistêmico da palavra, e a partir daí estará harmonizada com os ecossistemas em que se situa.

Para tanto, utiliza-se o mapeamento do fluxo de materiais, já mencionado no passo anterior, para inventariar todo e qualquer resíduo ou emissão, agora vistos como insumos de valor agregado. Faz-se uma relação de todos os tipos de saídas não usados no produto final ou no processo de produção.

A ISO 14001, em sua recomendação, propõe verificar todos os impactos negativos e positivos de cada processo produtivo e elaborar um plano de mitigação/melhoria. O Zeri vai um passo adiante: com essa planilha de "novos insumos", passa-se a explorar a viabilidade técnica e econômica de introduzir novos processos de produção para a produção de outros bens na própria empresa.

Havendo viabilidade, o novo planejamento do sistema industrial vai incluindo esses ciclos produtivos complementares ao processo produtivo principal. Não havendo viabilidade na mesma empresa, por razões de capacidade física, tecnológica, econômica ou outras, pesquisa-se a existência de outras indústrias que possam utilizar como matéria-prima os resíduos ou as emissões não aproveitados.

Passo 3 → Agrupamentos empresariais

O Zeri vale-se da estrutura sistêmica de conglomerados empresariais que nasceram sob o impulso do mercado para planejar novas estruturas, ou reorientar as existentes, no sentido de processar todos os rejeitos de matéria-prima e emissões, reciclar os bens usados, diminuindo, assim, o impacto sobre o meio ambiente graças à produtividade total.

Mais ainda, baseia-se nos requisitos de qualidade e pontualidade como freio para reduzir a pressão sobre a extração de recursos naturais e o uso de energia. Com efeito, como já mencionado nos passos anteriores, a qualidade inclui também maior durabilidade dos produtos, pontualidade, além da diminuição de grandes estoques; portanto, menor consumo de energia e de matéria-prima.

A estratégia de integrar e aglomerar a atividade industrial visando a sustentabilidade ambiental aplica-se a todos os empreendimentos industriais nos quais a empresa não esteja montada para fazer uso total da matéria-prima que processa, seja por uma questão de porte, seja pela natureza dos bens que produz.

O resíduo de uma indústria alimentícia podem ser a matéria-prima de outra; por exemplo, uma fábrica de biscoitos pode gerar resíduos de biscoito não conformes para comercialização, mas que servirão perfeitamente como matéria-prima para a fabricação de ração animal; os animais, por sua vez, serão abatidos por outras indústrias alimentícias e processados para alimentar humanos; os resíduos de casca de castanha de caju servirão de combustível para a caldeira de outra indústria; os resíduos de óleo de coco extraídos da película da amêndoa podem ter seu óleo extraído, o qual servirá como matéria-prima nobre para a indústria de cosméticos; e assim por diante.

Tanto os rejeitos quanto os efluentes se tornam fatores negativos; quando conciliados com os princípios de qualidade ambiental e produtividade total da matéria-prima, diminuem o índice de qualidade e produtividade. Não só geram problemas de poluição, como podem se tornar elementos de "deseconomia" (não econômico) se não aproveitados; ao contrário, se industrializados, passam a ter valor econômico, ou pelos menos é preciso encontrar uma utilidade para conseguir seu retorno à capacidade cíclica na natureza, considerando que, quando um resíduo serve a outro, mesmo que não seja vendido, mas doado, já se ganha pela perspectiva ambiental e por evitar um custo com descarte, e, se ainda melhor houver um ganho financeiro, de problema ele passa a ser uma renda.

Passo 4 → Descobertas científicas e inventos tecnológicos

Os objetivos de produtividade total, de fechar o ciclo de vida dos materiais dentro da empresa ou no conjunto das empresas, parecem atraentes, mas, em muitos casos, esbarram em inúmeros obstáculos tecnológicos.

Existem problemas de recursos humanos, financeiros, e outros; eles são de logística, mercadológicos, de capacidade física, etc. Há, sobretudo, problemas de ordem técnica. Muitas vezes, não há conhecimento científico, *know-how* tecnológico ou de gerenciamento de processos disponível para realizar os passos propostos pela metodologia Zeri.

À academia cabe auxiliar o empresário a vencê-los. Ela tem desvendado os segredos da natureza, penetrado nos ciclos de vida dos materiais, inventariado sua composição físico-química e estrutura; descobriu como transformá-los e desenvolveu métodos para fazê-lo. Cabe-lhe, agora, avançar nesses conhecimentos e *know-how* mediante o aprendizado de como maximizar a utilização dos recursos naturais sem danificar o meio ambiente ou de como reintegrá-los aos ecossistemas, reconstituindo-os das perdas sofridas com as retiradas.

O acervo tecnológico e científico da humanidade é imenso, mas ainda muito incompleto para garantir um modelo industrial sustentável, nos termos já definidos. Muita pesquisa básica foi desenvolvida para "dominar segredos" dos materiais e na tecnologia para sua transformação em bens úteis. Mas, para restaurar os ecossistemas na sua integridade, ou para retornar os materiais utilizados à natureza de forma biodegradável, há necessidade de muita descoberta científica e invenções tecnológicas a fazer. O Zeri aborda a questão sob os dois aspectos: a criação de conhecimentos e tecnologias e sua disseminação.

Tecnologia tornou-se o fator dominante no avanço do desenvolvimento industrial e na conquista de posições de mercado. Investimentos maciços são feitos em pesquisa e desenvolvimento por parte de governos e de grandes conglomerados econômicos para assegurar ou conquistar mercado. Tornou-se também muito mais cara, e isso tem duas consequências importantes: a primeira, dificilmente haverá P&D para tecnologias "ambientais", já que o mercado pode não ver retorno nelas (em curto prazo); segunda, essas tecnologias, quando existem, estão a preços que a maior parte das pequenas e médias empresas, ou os países menos ricos, não podem pagar.

O Zeri propõe estimular a criação de novas tecnologias via mecanismos de mercado e mediante políticas públicas. A primeira via prevê esquemas de pesquisa e desenvolvimento sob regime de consórcios entre empresas e universidades, nos quais há partilha de recursos humanos e financeiros, e participação em *royalties*.

A partilha nos custos facilitará a utilização das tecnologias geradas por um maior número de usuários. Tenta-se, assim, resolver a questão estabelecendo economia de escala nos custos da criação tecnológica. Se esta não for efetiva, resta recorrer à segunda via, a dos incentivos por meio de políticas tecnológicas públicas.

O outro aspecto da metodologia Zeri é a disseminação. Nisso, associa-se a tudo quanto existe em estratégia de difusão tecnológica e das condições para sua efetiva assimilação pelo setor produtivo. Aborda desde o uso dos meios modernos de comunicação, para a divulgação de tecnologias disponíveis, até a questão mais delicada da propriedade intelectual e o custo das patentes. O Zeri assume, em relação a esta última, uma posição não conformista com o atual regime, mas é moderado em relação a soluções radicais por serem contraproducentes.

Passo 5 ➜ Políticas públicas

Os quatro passos metodológicos até aqui descritos firmam-se nos pressupostos da economia de mercado, mas não se limitam a eles. As motivações do mercado, como se observa com muita frequência, podem não ter a força suficiente para induzir o setor produtivo a se preocupar com a qualidade ambiental. Os passos metodológicos propostos (busca da produtividade total, fechamento dos ciclos dos materiais, agrupamento das atividades industriais) devem ser técnica e economicamente viáveis ou ter o estímulo do poder público para desencadear essa viabilidade.

A metodologia Zeri busca envolver não apenas as forças do mercado, mas também a participação dos que se regem por outras motivações, como as organizações não governamentais (ONGs) e as universidades.

➜ RECURSOS

Os recursos para implementação de um sistema de gestão podem ser humanos, tecnológicos e financeiros.

É recomendável que o comprometimento da diretoria se reflita em ações práticas no sentido de garantir recursos para implementação do sistema, promover orientação global, possibilitar a análise dos resultados e assegurar o contínuo aperfeiçoamento do sistema. O requisito que trata desse tema na Norma ISO 14001 está transcrito no **Quadro 4.19**.

O sucesso da implantação da política e dos objetivos ambientais depende decisivamente da efetividade da organização. Uma gestão efetiva pressupõe uma consolidação organizacional da proteção ambiental em todas as funções e níveis hierárquicos da organização.

É necessário investir em algumas questões para se obter uma atuação ambiental efetiva; por outro lado, reduzem-se os riscos com multas e intervenções, abrem-se oportunidades a novas linhas de crédito, e algumas ações podem de fato representar economia, como visto na metodologia de PmaisL.

→ **QUADRO 4.19**
REQUISITO 4.4.1 DA NORMA ISO 14001

4.4.1 RECURSOS, FUNÇÕES, RESPONSABILIDADES E AUTORIDADES

A administração deve assegurar a disponibilidade de recursos essenciais para estabelecer, implementar, manter e melhorar o sistema da gestão ambiental. Esses recursos incluem recursos humanos e habilidades especializadas, infraestrutura organizacional, tecnologia e recursos financeiros.

Funções, responsabilidades e autoridades devem ser definidas, documentadas e comunicadas visando facilitar uma gestão ambiental eficaz.

A alta administração da organização deve indicar representante(s) específico(s) da administração, o(s) qual(is), independentemente de outras responsabilidades, deve(m) ter função, responsabilidade e autoridade definidas para

a) assegurar que um sistema da gestão ambiental seja estabelecido, implementado e mantido em conformidade com os requisitos desta Norma;

b) relatar à alta administração sobre o desempenho do sistema da gestão ambiental, para análise, incluindo recomendações para melhoria.

Fonte: International Organization for Standardization (2004).

O Anexo A da Norma ISO 14001 recomenda que o comprometimento com o SGA comece nos níveis mais elevados da administração e que, para tanto, seja designado um representante com responsabilidade e autoridade definida para esse fim. Nesse anexo, também se recomenda que as funções e responsabilidades associadas às questões ambientais não sejam confinadas à função de gestão ambiental, mas que cubram ainda outras áreas, tais como gerência operacional ou outras funções de cunho não ambiental em uma perspectiva direta, sobretudo porque todos em uma organização, de uma forma ou de outra, realizarão ações que podem impactar o meio ambiente.

Não bastam apenas recursos humanos, é preciso também recursos financeiros, pois determinadas ações em um SGA podem requerer investimentos. O Anexo A da Norma ISO 14001 recomenda que a organização assegure outros recursos de infraestrutura organizacional, tais como instalações físicas adequadas, linhas de comunicação, tanques de contenção, sistemas *end of pipe*.[21]

O comprometimento da diretoria deve se refletir em ações práticas no sentido de garantir recursos para a implementação do sistema, promover orientação global, possibilitar a análise dos resultados obtidos e assegurar o contínuo aperfeiçoamento do sistema.

A efetiva implementação e manutenção de um SGA depende fundamentalmente das ações de cada uma das pessoas da empresa, desde os membros da diretoria até os funcionários de menor nível na estrutura organizacional. Dessa forma, todas as funções, responsabilidades e autoridades devem ser definidas com clareza e comunicadas, para que cada um esteja ciente de como direcionar suas ações em relação ao SGA, devendo contemplar:

1. Membros da diretoria
2. Gerentes de todos os níveis
3. Empregados em geral
4. Responsáveis por gerenciar subcontratados
5. Responsáveis pelos treinamentos do SGA
6. Atividades operacionais de impacto sobre o meio ambiente.

➜ COMPETÊNCIA, TREINAMENTO E CONSCIENTIZAÇÃO

A organização deve identificar quais empregados desenvolvem atividades que possam causar um impacto ambiental significativo e se certificar de que estejam conscientizados e apresentem a competência necessária para exercer tais atividades. Esses empregados devem, ainda, ser estimulados a relatar falhas nas atividades que possam conduzir a problemas ambientais.

Todos os funcionários devem estar conscientes da política ambiental, do sistema de gestão ambiental e dos aspectos ambientais das atividades, dos produtos ou dos serviços da organização que possam ser afetados por seu trabalho.

Alguns precisam ser especialmente treinados, por exemplo:

1. Empregados envolvidos diretamente com o SGA, como aqueles que desenvolvem atividades cujo descuido possa acarretar impactos ambientais significativos ou acidentes ambientais, como os operadores da ETE, de caldeira, os que atuam no manejo de resíduos, etc.
2. Auditores do SGA, que têm por função avaliar a eficácia do sistema de gestão e sua efetiva implantação segundo requisitos da Norma ISO 14001.
3. Responsáveis pela pesquisa de legislação ambiental, análise e elaboração de planos para seu atendimento.

Esse tema é tratado pelo requisito 4.4.2 da Norma ISO 14001 transcritos no **Quadro 4.20**.

> **QUADRO 4.20**
> **REQUISITO 4.4.2 DA NORMA ISO 14.001**
>
> **4.4.2 COMPETÊNCIA, TREINAMENTO E CONSCIENTIZAÇÃO**
>
> A organização deve assegurar que qualquer pessoa que, para ela ou em seu nome, realize tarefas que tenham o potencial de causar impacto(s) ambiental(is) significativo(s) identificado(s) pela organização, seja competente com base em formação apropriada, treinamento ou experiência, devendo reter os registros associados.
>
> A organização deve identificar as necessidades de treinamento associadas com seus aspectos ambientais e seu sistema da gestão ambiental. Ela deve prover treinamento ou tomar alguma ação para atender a essas necessidades, devendo manter os registros associados.
>
> A organização deve estabelecer, implementar e manter procedimento(s) para fazer com que as pessoas que trabalhem para ela ou em seu nome estejam conscientes
>
> a) da importância de se estar em conformidade com a política ambiental e com os requisitos do sistema da gestão ambiental,
>
> b) dos aspectos ambientais significativos e respectivos impactos reais ou potenciais associados com seu trabalho e dos benefícios ambientais provenientes da melhoria do desempenho pessoal,
>
> c) de suas funções e responsabilidades em atingir a conformidade com os requisitos do sistema da gestão ambiental, e
>
> d) das potenciais consequências da inobservância de procedimento(s) especificado(s).
>
> **Fonte:** International Organization for Standardization (2004).

A execução da política e dos objetivos ambientais somente terá êxito se a possibilidade de pensar e agir for estendida aos empregados, e a condição fundamental para isso é o treinamento e a conscientização[22] globalizante que extrapole a comunicação formal da organização. A gestão ambiental é um processo de aprendizagem e desenvolvimento em que todos os colaboradores de todos os setores precisam ser envolvidos.

O anexo A da Norma ISO 14001 explica que a conscientização, o conhecimento, a compreensão e a competência[23] podem ser obtidos ou melhorados por meio de treinamento, formação educacional ou experiência de trabalho, não só dos empregados, mas também dos prestadores de serviço.

Educação está associada com formação escolar, treinamento com cursos teóricos e práticos, e experiência, relacionada ao tempo em que o empregado desempenha a função ou atividade. Além de treinados, eles precisam estar conscientes das consequências de não seguir as orientações estabelecidas nos procedimentos, como, por exemplo, ocorrências de acidentes ambientais e efeitos negativos para sua família e sociedade, multas e paralisação da empresa, etc., além dos danos ao meio ambiente.

Esse tema pode ser considerado *conditio sine qua non*, pois competência, conscientização e treinamento são a base para um bom funcionamento e desempenho de qualquer sistema de gestão, sendo, portanto, fundamental em um SGA.

COMUNICAÇÃO

Diferentes atores envolvidos com um sistema de gestão requerem diferentes informações sobre ele. O requisito 4.4.3 da Norma ISO 14001 trata desse tema, conforme transcrito no **Quadro 4.21**.

Somente a comunicação interna possibilita ao sistema de gestão ambiental ser implantado em todos os níveis, na medida em que viabiliza aos empregados conhecimento e a percepção de sua responsabilidade pessoal, enquanto a co-

→ **QUADRO 4.21**
REQUISITO 4.4.3 DA NORMA ISO 14001

4.4.3 COMUNICAÇÃO

Com relação aos seus aspectos ambientais e ao sistema da gestão ambiental, a organização deve estabelecer, implementar e manter procedimento(s) para

a) comunicação interna entre os vários níveis e funções da organização,

b) recebimento, documentação e resposta a comunicações pertinentes oriundas de partes interessadas externas.

A organização deve decidir se realizará comunicação externa sobre seus aspectos ambientais significativos, devendo documentar sua decisão. Se a decisão for comunicar, a organização deve estabelecer e implementar método(s) para esta comunicação externa.

Fonte: International Organization for Standardization (2004).

municação externa proporciona transparência e aumenta a credibilidade do sistema fora da organização.

A organização deve implementar um sistema formal de comunicação cobrindo tanto a parte interna, entre os vários níveis e funções, quanto a externa, com vizinhos e comunidade.

Diferentes partes interessadas no sistema de gestão ambiental de uma organização requerem diferentes informações a seu respeito, exemplificadas no **Quadro 4.22**.

Veja que a Norma ISO 14001 orienta que a própria organização deve decidir se realizará comunicação externa sobre seus aspectos ambientais significativos; deve, contudo, documentar sua decisão e, se esta for comunicar, deve estabelecer e implementar um método para essa comunicação externa.

→ **QUADRO 4.22**
COMUNICAÇÃO ÀS PARTES INTERESSADAS

PARTE INTERESSADA	COMUNICAÇÃO PERTINENTE	EXEMPLOS DE CANAIS DE COMUNICAÇÃO
Empregados	Política ambiental, objetivos, metas, programas ambientais, procedimentos específicos para controle e minimização de impactos ambientais, planos de mitigação em caso de acidente.	• Jornais mensais • Murais informativos • Sistema de correio eletrônico (intranet) • Treinamentos • Teatros • Regulamentos internos • Distribuição de cópias de procedimentos • Reuniões
Empregados, público em geral, imprensa	Política ambiental, comprometimento e responsabilidades da organização com referência a seus aspectos ambientais significativos.	• Entrevistas coletivas • Palestras • Artigos em jornal • Dia de portas abertas à visitação

→ **QUADRO 4.22** (continuação)
COMUNICAÇÃO ÀS PARTES INTERESSADAS

PARTE INTERESSADA	COMUNICAÇÃO PERTINENTE	EXEMPLOS DE CANAIS DE COMUNICAÇÃO
Empregados, clientes, investidores, imprensa	Política ambiental, desempenho da organização com referências a seus aspectos ambientais significativos.	• Entrevistas coletivas • Palestras • Artigos em jornal • Dia de portas abertas à visitação • Relatório ambiental
Investidores, bancos, seguradoras	Identificação e domínio sobre os riscos ambientais associados aos processos da organização e às certificações ambientais.	• Relatório ambiental • Reuniões

➡ DOCUMENTAÇÃO

Sistemas de gestão devem ser baseados em documentos, pois estes são um elemento-chave para a realização de qualquer processo que envolva comunicação, permitindo que o conhecimento existente relativo a esses sistemas seja mantido e aprimorado. O requisito da Norma ISO 14001 que trata desse tema é o 4.4.4, transcrito no **Quadro 4.23**.

A documentação do SGA deve se preocupar particularmente com:

1. Clareza sobre como realizar atividades que possam impactar o meio ambiente, de forma a minimizar falhas
2. Continuidade dos procedimentos praticados
3. Apresentação das rotinas envolvidas com o SGA perante diversas partes interessadas, como órgãos ambientais, acionistas, bancos, seguradoras, etc.
4. Manutenção do *know-how* nas operações
5. Base para auditoria.

Deve-se destacar que o objetivo da documentação é dar apoio ao SGA, e não dirigi-lo. A documentação deve ser a mínima necessária para a operacionalização, manutenção e melhoria do sistema sem torná-lo lento e burocratizado.

→ **QUADRO 4.23**
REQUISITO 4.4.4 DA NORMA ISO 14001

4.4.4 DOCUMENTAÇÃO

A documentação do sistema da gestão ambiental deve incluir

a) política, objetivos e metas ambientais,

b) descrição do escopo do sistema da gestão ambiental,

c) descrição dos principais elementos do sistema da gestão ambiental e sua interação e referência aos documentos associados,

d) documentos, incluindo registros, requeridos por esta Norma, e

e) documentos, incluindo registros, determinados pela organização como sendo necessários para assegurar o planejamento, operação e controle eficazes dos processos que estejam associados com seus aspectos ambientais significativos.

Fonte: International Organization for Standardization (2004).

Nos requisitos sobre documentação do SGA existe a determinação para que se descrevam os elementos mais importantes desses sistemas e suas interações, além de fornecer orientação sobre a documentação relacionada. Uma forma de se fazer isso é por meio de um manual ou documento similar que contemple essas informações, explicando o funcionamento envolvido com atividades do SGA, suas linhas gerais, como o escopo, e interação entre os processos. O SGA deve ser documentado e formalizado por manuais e procedimentos, de maneira que as práticas não sejam vagas e não se percam com o tempo.

A estrutura da documentação de um SGA pode ser apresentada de forma hierarquizada, conforme exemplo da **Figura 4.7**. Na estrutura apresentada, existe uma divisão em três níveis: Estratégico – define os anseios da empresa; Tático – estabelece os meios que serão utilizados; e Operacional – estabelece as rotinas da empresa.

CONTROLE DE DOCUMENTOS

Durante a implementação dos SGAs, as empresas acumulam uma série de documentos, e pode ocorrer, às vezes por falta de organização, que informações não estejam disponíveis para pessoas que delas necessitem em um determinado momento, ocasionando sérios problemas operacionais ou administrativos.

Sistemas de gestão ambiental na indústria alimentícia 109

Assim, cada empresa deve estabelecer sua estrutura de documentação e uma sistemática para o controle que sejam compatíveis com o porte da empresa, a cultura existente e os recursos disponíveis. O requisito que trata desse tema na Norma ISO 14001 está transcrito no **Quadro 4.24**.

O funcionamento do SGA exige que os referidos documentos estejam disponíveis, em vigor e atualizados, para todos os cargos existentes na organização, e que, para isso, a organização desenvolva e mantenha um procedimento que assegure o controle de documentos.

Os requisitos referentes a controle de documentos estabelecem que os documentos envolvidos com o desempenho do SGA devem ser controlados por meio de um procedimento que lhes assegure serem criados e distribuídos de forma organizada, permitindo sua correta utilização. É aconselhável que tal procedimento contemple:

1. Forma de codificação dos documentos criados
2. Descrição formal dos responsáveis pela análise e aprovação de cada documento

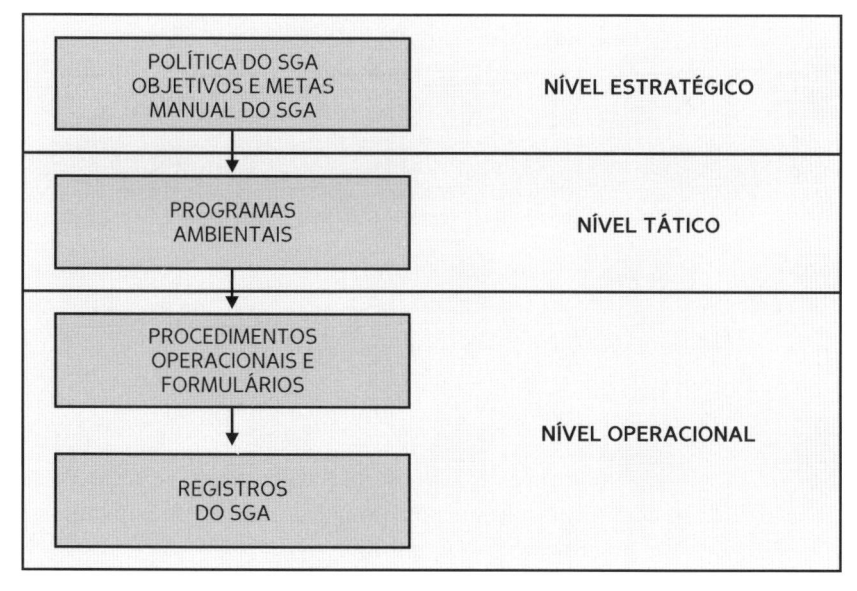

→ **FIGURA 4.7**
Exemplo de hierarquia da documentação de um SGA.

> **QUADRO 4.24**
> **REQUISITO 4.4.5 DA NORMA ISO 14.001**
>
> **4.4.5 CONTROLE DE DOCUMENTOS**
>
> Os documentos requeridos pelo sistema de gestão ambiental e por esta Norma devem ser controlados. Registros são um tipo especial de documento e devem ser controlados de acordo com os requisitos estabelecidos em 4.5.4.
>
> A organização deve estabelecer, implementar e manter procedimento(s) para
>
> a) aprovar documentos quanto à sua adequação antes de seu uso,
>
> b) analisar e atualizar, conforme necessário, e reaprovar documentos,
>
> c) assegurar que as alterações e a situação atual da revisão de documentos sejam identificadas,
>
> d) assegurar que as versões relevantes de documentos aplicáveis estejam disponíveis em seu ponto de uso,
>
> e) assegurar que os documentos permaneçam legíveis e prontamente identificáveis,
>
> f) assegurar que os documentos de origem externa determinados pela organização necessários ao planejamento e operação do sistema da gestão ambiental sejam identificados e que sua distribuição seja controlada, e
>
> g) prevenir a utilização não intencional de documentos obsoletos e utilizar identificação adequada nestes, se forem retidos para quaisquer fins.
>
> **Fonte:** International Organization for Standardization (2004).

3 Controle de distribuição com listas mestras para controle de cópia e protocolos

4 Se necessário para operações críticas, a definição formal do tempo de guarda de documentos que, mesmo após o uso, devem ser retidos por exigências legais, contratuais ou por opção da própria empresa.

A **Figura 4.8** apresenta um exemplo de planilha utilizada para o controle de distribuição de documentos que permite uma rápida identificação de onde estes estão localizados e em que revisão se encontram.

Os documentos elaborados também não devem ser considerados imutáveis; pelo contrário, devem ter um caráter dinâmico que possibilite a incorporação de novos conhecimentos de forma contínua.

LOGOTIPO	MATRIZ DE CONTROLE DE DOCUMENTOS								
	SISTEMA DE GESTÃO AMBIENTAL								
Nº DOCUMENTO	TÍTULO	DATA ELABORAÇÃO	Nº REVISÃO	DATA REVISÃO	PREVISÃO PRÓXIMA REVISÃO	RESPONSÁVEL PELA APROVAÇÃO	Nº CÓPIAS FÍSICAS	LOCAIS DE GUARDA

→ **FIGURA 4.8**
Exemplo de planilha de controle de documentos.

Atualmente, existem diversos recursos que podem ser utilizados para melhorar a eficiência do processo de controle de documentos, entre os quais pode-se destacar a utilização de documentos eletrônicos por intermédio de:

1. Sistemas informatizados para o controle de documentos
2. Utilização de redes do tipo intranet
3. Sistemas de controle de documentos via internet e correio eletrônico
4. Simples planilhas de controle, mas que podem ser muito eficazes.

CONTROLE DE REGISTROS

Para comprovar a implementação e operação de um sistema de gestão, devem ser mantidos registros de determinadas atividades. Estes, por sua vez, devem ser guardados de modo que possam ser localizados quando preciso, de forma legível e rastreável. A Norma ISO 14001 trata desse assunto por meio do requisito 4.5.4, transcrito no **Quadro 4.25**.

Os responsáveis pelo SGA e também a direção da organização precisam dispor a qualquer momento das informações necessárias para poder julgar se os objetivos e programas ambientais são realizados conforme o planejado, além de estar em condição de poder fornecer informações sobre o desempenho do SGA aos órgãos públicos ou a outras partes interessadas, motivos que fazem registros exatos, atuais e rastreáveis ter grande importância.

> **QUADRO 4.25**
> REQUISITO 4.5.4 DA NORMA ISO 14001
>
> **4.5.4 CONTROLE DE REGISTROS**
>
> A organização deve estabelecer e manter registros, conforme necessário, para demonstrar conformidade com os requisitos de seu sistema da gestão ambiental e desta Norma, bem como os resultados obtidos.
>
> A organização deve estabelecer, implementar e manter procedimento(s) para a identificação, armazenamento, proteção, recuperação, retenção e descarte de registros.
>
> Os registros devem ser e permanecer legíveis, identificáveis e rastreáveis.
>
> **Fonte:** International Organization for Standardization (2004).

Para isso, a ISO 14001 determina que sejam desenvolvidos procedimentos para identificar quais registros devem ser mantidos, e, nestes, deve estar claro quais devem ser os parâmetros que melhor representam o desempenho dos controles operacionais praticados.

São exemplos de registros no SGA:

1. Qualquer controle operacional que esteja associado a questões legais
2. Relatórios de monitoramento do resultado das análises de efluentes lançados em cursos d'água ou de emissões gasosas lançadas na atmosfera
3. Registro de treinamento de empregados
4. Resultados do acompanhamento de metas ambientais
5. Registros dos controles operacionais.

A análise dos requisitos referentes a registros na Norma ISO 14001 demonstra a existência da necessidade de determinar que os registros possam ser identificados, sejam identificáveis, legíveis, recuperáveis, armazenados corretamente, protegidos e que seja determinado o tempo de sua retenção (ver **Quadro 4.26**). Por isso, é preciso a existência de uma sistemática para controle de registros a fim de satisfazer a exigência da Norma ISO 14001. A **Figura 4.9** apresenta um modelo de formulário para controle de registros.

Registros não requerem controle do número de revisão, mas algumas organizações adotam essa prática como forma de demonstrar a partir de quando monitoravam ou não um determinado parâmetro.

Sistemas de gestão ambiental na indústria alimentícia

→ **QUADRO 4.26**
CARACTERÍSTICAS DESEJADAS PARA O CONTROLE DOS REGISTROS

CONTROLE	FINALIDADE
Identificação	Habilitar a recuperação e rastreabilidade.
Legibilidade	Assegurar a integridade da informação registrada.
Armazenamento	Arquivar racionalmente.
Proteção	Preservar durante o tempo de retenção de forma que não possa ser deteriorado ou perdido.
Recuperação	Permitir que a informação seja recuperada quando necessário.
Tempo de retenção	Estabelecer a obrigatoriedade do tempo de guarda da informação, de acordo com a necessidade.
Descarte	Esclarecer o destino a ser dado ao registro após vencido o tempo de retenção (destruição, eliminação, etc.).

LOGOTIPO			MATRIZ DE CONTROLE DE REGISTROS					
			SISTEMA DE GESTÃO AMBIENTAL					
IDENTIFICAÇÃO			ARMAZENAMENTO					
			DURANTE USO		ARQUIVO MORTO			
Nº	TÍTULO	REVISÃO	LOCAL	RESPONSÁVEL	LOCAL	TEMPO MÍNIMO DE RETENÇÃO	RESPONSÁVEL	FORMA DE DESCARTE

→ **FIGURA 4.9**
Modelo de formulário para o controle de registros.

→ EMERGÊNCIAS

Apesar do controle operacional, nenhuma atividade pode ser realizada de maneira totalmente segura. Assim, o que fazer em uma situação de emergência deve ser pensado, planejado, praticado e implementado na empresa. O tema emergência, em um SGA, está associado a ocorrência de um acidente ambiental, podendo este, por sua vez, causar impactos ambientais significativos.

Acidente[24] ambiental pode ser definido como qualquer evento anormal, indesejado e inesperado, com potencial para causar danos diretos ou indiretos à saúde humana e ao meio ambiente.

Os acidentes ambientais podem ser classificados em dois tipos, de acordo com suas origens:

1. Acidentes naturais – Ocorrências causadas por fenômenos da natureza, cuja grande maioria independe das intervenções humanas, como, por exemplo, terremotos, maremotos e furacões, entre outros.
2. Acidentes tecnológicos – Ocorrências geradas pelas atividades desenvolvidas pelo homem, normalmente relacionadas com a manipulação de substâncias perigosas.

Embora esses dois tipos de ocorrências sejam independentes quanto às suas origens, em determinadas situações pode haver uma certa relação entre eles, como, por exemplo, uma forte tormenta que acarrete danos em uma instalação industrial, enchentes que cheguem à ETE, terremotos que destruam vasos de contenção de produtos químicos causando derramamento, um *tsunami* que cause acidente nuclear após atingir uma usina. Nesse caso, além dos danos diretos causados pelo fenômeno natural, pode-se ter outras implicações decorrentes dos impactos causados nas instalações atingidas.

Da mesma forma, as intervenções do homem na natureza podem contribuir para a ocorrência de acidentes naturais, como, por exemplo, o uso e a ocupação do solo de forma desordenada, o que pode vir a acelerar processos de erosão e deslizamentos de terra.

No entanto, os acidentes naturais, em sua grande maioria, são de difícil prevenção, razão pela qual diversos países do mundo, principalmente aqueles em que tais fenômenos são mais frequentes, têm investido em sistemas para o atendimento a essas situações.

Já no caso dos acidentes de origem tecnológica, pode-se dizer que a maior parte dos casos é previsível; por isso, é importante trabalhar sobretudo na prevenção desses episódios, sem esquecer da preparação para a intervenção quando da ocorrência destes.

Devido às consequências que tais acidentes podem gerar, é absolutamente necessário que o órgão ambiental esteja envolvido, presente e atuante nos atendimentos emergenciais, de modo a garantir que os aspectos de proteção ambiental sejam avaliados de forma constante e considerados na definição das ações de combate às emergências.

O despreparo e a falta de planos de emergência, sem dúvida, contribuíram para o agravo das consequências ambientais e a repercussão mundial desses acidentes.

Muitos acidentes ocorrem devido a modificações feitas nas fábricas ou durante manutenção de equipamentos, com efeitos imprevisíveis. Mesmo a manutenção preventiva, que é de fundamental importância para a prevenção de acidentes, pode ser a causadora de eventos fortuitos indesejáveis, se as boas práticas de engenharia não forem adequadamente seguidas; ou seja, quando se atua nos equipamentos, todos os cuidados devem ser observados.

O requisito da Norma ISO 14001 que trata desse assunto é o 4.4.7, transcrito no **Quadro 4.27**.

Na história mundial da indústria química e petroquímica, alguns acidentes causaram a morte de milhares de pessoas e impactos de grandes dimensões ao meio ambiente. Os acidentes de Flixborough,[25] na Inglaterra, em 1974; Seveso,[26]

→ **QUADRO 4.27**
REQUISITO 4.4.7 DA NORMA ISO 14.001

4.4.7 PREPARAÇÃO E RESPOSTA A EMERGÊNCIAS

A organização deve estabelecer, implementar e manter procedimento(s) para identificar potenciais situações de emergência e potenciais acidentes que possam ter impacto(s) sobre o meio ambiente, e como a organização responderá a estes.

A organização deve responder às situações de emergência a aos acidentes, e prevenir ou mitigar os impactos adversos associados.

A organização deve periodicamente analisar e, quando necessário, revisar seus procedimentos de preparação e resposta a emergência, em particular, após a ocorrência de acidentes ou situações emergenciais.

A organização deve também periodicamente testar tais procedimentos, quando exequível.

Fonte: International Organization for Standardization (2004).

na Itália, em 1976; Bhopal,[27] na Índia, em 1984; Cidade do México,[28] em 1984; Cubatão, no Brasil,[29] em 1984; Sandoz,[30] na Suíça, em 1986; e Chernobyl,[31] na Ucrânia, em 1986, caracterizaram-se por extrapolar as divisas da fábrica, projetando-se com efeitos de médio e longo prazo nas populações e no meio ambiente.

Essas experiências passadas apontam para a existência do perigo. Nesse sentido, se existem perigos, haverá a possibilidade de ocorrer um acidente, e, quando pessoas se confrontam com situações de emergência, que requerem ações imediatas, a reação mais comum é o pânico. Além disso, uma vez que os acidentes não ocorrem o tempo todo em uma organização, as pessoas raramente se preparam para emergências e, no caso de uma situação real, não pensam de forma clara, surgindo a incerteza sobre o que se deve fazer primeiro. Assim, a chave para lidar com emergências é saber o que fazer, pois não importa quão seguras as operações pareçam, sempre há a possibilidade de um acidente.

Ter à disposição um atendimento útil a emergências e um planejamento adequado de preparação faz parte dos benefícios que um SGA traz para a organização.

O fenômeno emergência é remoto, incerto e indesejável. Essa característica não favorece a força impulsionadora do comportamento seguro, que é se preparar para trazer a situação de volta ao controle. Assim, é necessário criar uma situação certa, imediata e desejável por meio da realização de simulados, nos quais os recursos são dirigidos ao treinamento, mas o objetivo é desenvolver habilidades para enfrentar situações reais.

Desse modo, os planos e procedimentos devem ser simulados periodicamente para garantir sua eficácia em um caso real e permitir sua análise, melhoria e validação com base em resultados práticos. São exemplos de resultados práticos que podem ser analisados: comportamento e competência das equipes, identificação de imprevistos, análise de tempos de reação e abandono das instalações, falta de recursos, etc.

Com base no exposto, pode-se afirmar que a eficácia da resposta durante as emergências em um SGA é uma função da qualidade e quantidade de planejamento, dos treinamentos e simulados realizados.

Esse tema tem base também em requisitos legais, tais como:

- Portaria nº 3.214 do Ministério de Estado do Trabalho (MET), que aprova as Normas Regulamentadoras – NR – do Capítulo V, Título II, da Consolidação das Leis do Trabalho, relativas a Segurança e Medicina do Trabalho.
    o NR 10 – Norma Regulamentadora 10 – Segurança em Instalações e Serviços em Eletricidade;
    o NR 23 – Norma Regulamentadora 23 – Proteção Contra Incêndios.

- Decreto nº 5.098, de 3 de junho de 2004 – Dispõe sobre a criação do Plano Nacional de Prevenção, Preparação e Resposta Rápida a Emergências Ambientais com Produtos Químicos Perigosos – P2R2, e dá outras providências.

Existem também normas regulamentares que podem ajudar nesse tema:

- NBR 14.276:2006 – Brigada de Incêndio – Requisitos (ABNT).
- NBR 15.219:2005 – Plano de Emergência Contra Incêndios – Requisitos (ABNT).

COMUNICAÇÃO DO ACIDENTE

Devem estar disponibilizados os telefones e/ou outras formas de comunicação para que, em caso de acidentes, as pessoas que possam atuar rapidamente na contenção do problema sejam logo informadas. Isso pode envolver diretores, gerentes, técnicos em segurança do trabalho, além de agentes externos à organização, como bombeiros, serviço médico, defesa civil e órgãos ambientais.

É importante que essas listas de pessoas estejam disponíveis em locais de fácil acesso e que, a cada turno de trabalho, exista alguém responsável por acionar essas pessoas. Esse encarregado deve ter um reserva, no caso de não comparecer ao trabalho justamente no dia em que venha a ocorrer um sinistro.

Caso ocorra um acidente ambiental[32] de alta ou média gravidade, e o impacto ambiental atinja comunidades circunvizinhas podendo causar risco à saúde das pessoas, deve preexistir uma forma de informar com rapidez essas comunidades; se necessário, ainda, auxiliar no processo de evacuação de área. Tudo irá depender da abrangência dos potenciais acidentes envolvidos com a atividade de cada organização.

SIMULADOS DE EMERGÊNCIAS

Deve existir um plano de evacuação fabril, identificando as rotas mais seguras, assim como os responsáveis pelas ações de controle da situação e posterior mitigação dos danos.

Ao elaborar essas rotas, é importante que os caminhos sejam seguros, não obstruídos e não próximos a locais por onde chegará o socorro, como ambulâncias e carros de bombeiro.

Periodicamente, e a ISO 14001 não dita de quanto em quanto tempo, mas, no máximo anualmente, deve ser realizado pelo menos um simulado de emergência, em geral coordenado pelo Departamento de Segurança do Trabalho, considerando evacuação fabril (rotas e tempo de evacuação), chegada de médicos, brigadistas e corpo de bombeiros.

É importante registrar esses simulados, anotar tempos de evacuação, se todos saíram do local, lembrando de dispensar um cuidado específico às pessoas com necessidades especiais.

Uma ação corretiva deve ser destinada aos pontos detectados no simulado que não foram plenamente satisfatórios.

AÇÕES A SEREM REALIZADAS EM CASOS DE EMERGÊNCIA

É preferível que a organização disponha de brigadistas para combate a emergências e incêndios. Brigadistas são um grupo organizado de pessoas, voluntárias ou não, designadas de maneira formal, treinadas e capacitadas para atuar no combate e controle a emergências.

A Brigada de Emergência[33] será composta conforme cálculo disposto na NBR 14276:1999, da Associação Brasileira de Normas Técnicas (ABNT). Basicamente, todos terão funções específicas na brigada e treinamento mensal, por pessoa designada como Chefe da Brigada, e, no mínimo, anualmente pelo Corpo de Bombeiros.

Os brigadistas devem ser pessoas da própria empresa, gozar de boa saúde, boa condição física e conhecer as instalações. Devem ser treinadas para serem capazes de identificar situações de emergência, **acionar alarme** e o corpo de bombeiros, cortar energia quando necessário, realizar **primeiros socorros**, controlar pânico, guiar a saída das pessoas para abandono da área e combater princípios de incêndio.

Em um acidente, a área deve ser isolada; isso normalmente cabe ao SESMT,[34] evitando a presença e o envolvimento do público, e, se houver vítimas, não devem ser removidas até que a Brigada de Emergência ou Corpo de Bombeiros atue.

Se a vítima estiver consciente, o brigadista verificará se existe sensibilidade nos membros superiores e inferiores. Não existindo sensibilidade e havendo suspeita de fratura na coluna, procurar acalmá-la, não permitindo que se movimente, e solicitar ajuda para o resgate por meio do serviço médico.

Caso a vítima esteja inconsciente, os membros da brigada a colocarão na maca, verificando primeiro a existência de fratura, carregando-a para um lugar seguro e procedendo conforme instruções específicas de primeiros socorros ou solicitando auxílio do Corpo de Bombeiros pelo **telefone 193**.

Em caso de acidentes com equipamentos elétricos, deve-se providenciar o desligamento de fontes de energia (chaves elétricas de média e alta voltagem devem ser operadas apenas por pessoas capacitadas).

Logicamente, deverá ser mantida na área industrial uma maca com *kit* completo de primeiros socorros, o qual precisa receber revisões periódicas.

Incêndio

Incêndios destroem o patrimônio da organização, podem causar vítimas fatais e geram impactos ambientais, podendo destruir fauna e flora e lançar gases na atmosfera.

O empregado ou brigadista que detecta um incêndio deve avaliar a possibilidade de combate com extintores. Caso não tenha êxito, deve imediatamente acionar a brigada por um um ramal de emergência de conhecimento de todos na organização.

Todo princípio de incêndio que não puder ser controlado por um brigadista ou pelo pessoal que trabalhe no local em menos de 1 minuto deve ser considerado um incêndio de proporções médias e deverá ter acionada a Brigada de Emergência.

Se houver dúvida ou indecisão, deve ser acionada a Brigada de Emergência, pois os primeiros minutos são de grande importância no controle de um incêndio e no salvamento de vidas humanas. Em caso de incêndio de grandes proporções,[35] o plano de emergência deverá acionar o Corpo de Bombeiros externo.

A boa prática manda que toda área tenha um brigadista, e que, se for deflagrada uma situação de emergência, ele imediatamente a reporte ao brigadista-chefe, ou seja, aquele que comanda o grupo de brigada, para que este avalie a situação e, se necessário, acione um alarme sonoro e inicie a evacuação das pessoas da área, enquanto toma também medidas para conter o problema. Logicamente, se o sinistro já estiver em proporções maiores, o brigadista da área deve ser capacitado para já acionar o alarme sonoro e iniciar a evacuação, pois segundos podem salvar vidas e evitar desastres maiores.

Em casos de explosões e/ou incêndios incontroláveis, a Brigada de Emergência deverá ser imediatamente acionada por meio do alarme de incêndio ou do já citado ramal de emergência, que soará de forma curta e intermitente. A organização deve ter pessoas designadas para alertar o Corpo de Bombeiros (**telefone 193**) em caso de acidentes e incêndios.

Ao ouvir o alarme, as pessoas devem abandonar as áreas, dirigindo-se para os pontos de encontro conforme mapas de rota de fuga predefinidos, fixados em diversos pontos da empresa. Um técnico de enfermagem deve ficar alerta para prestar os primeiros socorros e seguir o plano de emergência relacionado a acidentes.

Deve ser planejada, também, a possibilidade de acidentes e incêndio nos dias em que não houver um número mínimo de pessoas na fábrica treinadas em combate a incêndio. Nesse caso, deve ser chamado o Corpo de Bombeiros.

O retorno aos locais de trabalho só deve ser efetivado após a liberação pela Brigada de Emergência ou pelo Corpo de Bombeiros, que devem verificar as áreas e, após conter/eliminar o sinistro, liberar os recintos de trabalho.

Derrame de produtos químicos

Os acidentes ambientais de origem tecnológica de fontes estacionárias, na indústria alimentícia e no armazenamento, têm sido objeto de preocupação ambiental e de segurança dos trabalhadores envolvidos nessas instalações.

A atividade de armazenamento de produtos químicos e insumos, quando realizada de forma indevida, coloca em risco a segurança da população e o meio ambiente. As emergências são decorrentes principalmente de operações de transferência de produtos nas quais ocorrem incêndios, muitas vezes seguidos de explosões, acarretando a perda de vidas humanas. Em razão desses acidentes, os produtos vazados causam riscos à saúde da população, devido a inalação dos vapores provenientes das substâncias químicas. Outra séria consequência dos riscos dessa atividade é a contaminação do subsolo e da água subterrânea.

Devem estar disponíveis todas as fichas de segurança de produtos químicos (FISPQ)[27] de todas as substâncias químicas presentes no local de trabalho, pois o conhecimento é a melhor estratégia de segurança.

O colaborador que detectou o derrame/vazamento deve fazer uma avaliação para o combate e contenção por meio de um *kit* de absorção contendo pá, cobra de areia para cercar vazamento e substância adsorvente, como serragem ou vermiculita, que deve ficar disponível nos locais em que existe manipulação/manuseio de produtos químicos.

Se o material for conhecido e o perigo controlado, deve ser logo iniciada a limpeza, logicamente usando equipamentos de proteção individual – EPIs.

Para inflamáveis, devem ser imediatamente removidas todas as fontes de ignição, promovida a máxima ventilação e, em caso de incêndio, seguir também Plano de Emergência para incêndio.

Em um derramamento, deve-se isolar o derrame/vazamento com barreiras, para evitar a penetração de produtos químicos em ralos, bueiros, redes de drenagem, solo, mananciais, etc.

Para absorver o produto derramado/vazado, deve-se usar areia, serragem ou outro produto adsorvente compatível, como vermiculita; então, coletar o material e dispô-lo em tambores, identificando-os. Deve-se usar uma pá ou uma colher para remover cuidadosamente o absorvente contaminado para um recipiente ou um saco a fim de que seja eliminado, nunca as mãos.

A área exposta ao derramamento deve ser completamente limpa com um detergente, quando não reagente, e o material usado para secar, adicionado ao recipiente ou saco para eliminação.

Caso seja um derrame de grande porte[36] e, em consequência, não seja possível conter o vazamento/derrame com os recursos internos, deve ser acionado o Corpo de Bombeiros.

Logicamente, os resíduos oriundos do controle das emergências deverão ser descartados de maneira adequada.

➔ NOTAS

[1] Impacto ambiental é todo efeito no meio ambiente causado pelas alterações e/ou atividades do ser humano. Conforme o tipo de intervenção, modificações produzidas e eventos posteriores, é possível avaliar qualitativa e quantitativamente o impacto, classificando-o como de caráter "positivo" ou "negativo", ecológico, social e/ou econômico. Na linguagem da ISO 14001, aspecto ambiental é o elemento das atividades ou dos produtos ou serviços de uma organização que pode interagir com o meio ambiente. Um aspecto ambiental significativo é aquele que tem ou pode ter um impacto ambiental significativo.

[2] Meio ambiente é o conjunto de forças e condições que cercam e influenciam os seres vivos e as coisas em geral. Os constituintes do meio ambiente compreendem fatores abióticos, como clima, iluminação, pressão, teor de oxigênio, e bióticos, como condições de alimentação, modo de vida em sociedade e para o homem, educação, companhia, saúde e outros. Este capítulo refere-se aos aspectos ecológicos do meio ambiente.

[3] Clonagem é a produção de indivíduos geneticamente iguais. A clonagem ocorre pela reprodução assexuada, o que permite a obtenção de cópias geneticamente idênticas de um mesmo ser vivo, seja ele um micro-organismo, um vegetal, um fungo ou um animal. Ecologicamente, a clonagem tem o inconveniente de reduzir o *pool* de genes, ou *pool* genético, de uma espécie ou população, o que se traduz no conjunto completo de alelos únicos que podem ser encontrados no material genético de cada um dos organismos vivos de tal espécie ou população, em consequência, ante doenças, são reduzidas, em uma população clonada, as possibilidades de indivíduos naturalmente resistentes.

[4] A oxidação do amoníaco, conhecida como nitrificação, é um processo que produz nitratos a partir do amoníaco (NH_3). Esse processo é levado a cabo por bactérias (bactérias nitrificantes) em dois passos: em uma primeira fase, o amoníaco é convertido em nitritos (NO_2^-) e, em uma segunda, (por meio de outro tipo de bactérias nitrificantes), os nitritos

são convertidos em nitratos (NO_3^-) prontos a serem assimilados pelas plantas. A adubação orgânica desmedida pode causar excesso de nitrificação e, em vez de ajudar, prejudica o solo e o crescimento das plantas.

[5] O efeito estufa ocorre quando uma parte da radiação solar refletida pela superfície terrestre é absorvida por determinados gases, como dióxido de carbono (CO_2), metano (CH_4), óxido nitroso (N_2O), CFCs (CF_xCl_x), presentes na atmosfera, e, como consequência, o calor é retido, não sendo libertado para o espaço. O efeito estufa tem papel importante para os ecossistemas da Terra, pois, dentro de uma determinada faixa, ele é de vital importância. Sem ele, a vida como conhecemos não existiria, o planeta seria uma bola de gelo. Contudo, em excesso, ou seja, com exagerado aumento da retenção de calor, pode tornar-se catastrófico, desestabilizando o equilíbrio energético no planeta e originando um fenômeno conhecido como aquecimento global. O Painel Intergovernamental para as Mudanças Climáticas (IPCC), estabelecido pela Organização das Nações Unidas e pela Organização Meteorológica Mundial em 1988 diz que a maior parte do aquecimento observado durante os últimos 50 anos se deve muito provavelmente à industrialização moderna, que utiliza a queima de combustíveis fósseis como fonte de energia.

[6] A chuva ácida, ou deposição ácida, é a precipitação atmosférica cuja acidez é substancialmente maior do que a resultante da dissociação do dióxido de carbono (CO_2) natural da composição atmosférica dissolvido na água precipitada. A presença, na atmosfera terrestre, de gases e partículas ricos em enxofre e azoto reativo, cuja hidrólise no meio atmosférico produz ácidos fortes, é o principal fator que ocasionam a chuva ácida, na qual assumem particular importância os compostos azotados (NO_x) gerados pelas altas temperaturas de queima dos combustíveis fósseis e os compostos de enxofre (SO_x) produzidos pela oxidação das impurezas sulfurosas existentes na maior parte dos carvões e petróleos. A precipitação ácida tem impactos adversos sobre as florestas, as massas de água doce e os solos, matando plâncton, insetos, peixes e anfíbios, e efeitos negativos sobre a saúde humana. Também aumenta a corrosividade da atmosfera, causando danos em edifícios e outras estruturas e equipamentos expostos ao ar. Por isso, diversos países adotaram medidas legais restritivas da queima de combustíveis ricos em enxofre, obrigando indústrias à adoção de tecnologias de redução das emissões de azoto reativo para a atmosfera.

[7] Deve ser formada uma equipe multidisciplinar para conduzir os trabalhos, que será chamada de equipe de GAIA-PCC. Deve conter membros de diversas áreas que possam fornecer informações sobre os aspectos ambientais da organização.

[8] Devem ser analisados aspectos ambientais correlacionados com: RS = Geração de resíduos sólidos/ RR = Geração de resíduos recicláveis/ PP = Geração de resíduos de papel/ PL = Geração de resíduos de plástico/ ME = Geração de resíduos de metal/ VD = Geração de resíduos de vidro/ NR = Geração de resíduos não recicláveis/ IN = Geração de resíduos inertes/ TX = Geração de resíduos tóxicos/ OR = Geração de resíduos orgânicos/ OG = Geração de resíduos de óleos e graxas e eventuais vazamentos/ EL = Geração

de efluente líquido/ EG = Geração de emissão gasosa/ CA = Consumo de água/ CE = Consumo de energia/ Consumo desordenado de recursos/ RU = Geração de ruído / RA = Geração de radiação (calor) / Geração de odores / Possibilidades de incêndio e derramamento.

[9] Estimar frequência em Frequente, Provável, Ocasional, Remoto ou Improvável.

[10] Estimar gravidade em Catastrófica, Crítica, Marginal ou Desprezível.

[11] Desempenho ambiental é o resultado mensurável da gestão de uma organização sobre seus aspectos ambientais.

[12] Parte interessada, nesse contexto, é o indivíduo ou os grupos interessados ou afetados pelo desempenho ambiental da organização.

[13] Chorume é o líquido poluente originado de processos biológicos, químicos e físicos da decomposição de resíduos orgânicos, normalmente de cor escura e odor nauseante. Com a ação da água das chuvas, o chorume pode alcançar e contaminar o meio ambiente, atingindo rios, lagos, percolando o solo e atingindo lençóis freáticos, tendo como impacto morte de biota local e geração de doenças. Eventualmente, dependendo dos resíduos que o originaram, ele pode também carrear compostos químicos poluentes. O chorume possui alta concentração de demanda biológica de oxigênio (DBO).

[14] Compostagem é uma técnica aplicada para controlar a decomposição de materiais orgânicos, a fim de que se obtenha um material estável, rico em húmus e nutrientes minerais, transformando, assim, resíduos que poderiam causar impactos nocivos ao meio ambiente em um composto estabilizado que pode ter impactos positivos, com atributos físicos, químicos e biológicos superiores (sob o aspecto agronômico) àqueles encontrados na matéria orgânica que lhe deu origem.

[15] Os clorofluorcarbonetos (CFCs), além de outros produtos químicos produzidos pelo homem que são bastante estáveis e contêm elementos de cloro ou bromo, como o brometo de metilo, são os grandes responsáveis pela destruição da camada de ozônio. Os CFCs têm inúmeras utilizações, pois são pouco tóxicos, não inflamáveis e não se decompõem (com facilidade). Sendo tão estáveis, duram cerca de 150 anos. Esses compostos, resultantes da poluição provocada pelo homem, sobem para a estratosfera completamente inalterados devido a sua estabilidade e, na faixa dos 10 a 50 quilômetros de altitude, onde os raios solares ultravioletas os atingem, se decompõem, liberando seu radical, no caso dos CFCs, o elemento químico cloro. Uma vez liberado, um único átomo de cloro destrói cerca de 100 mil moléculas de ozônio antes de regressar à superfície terrestre, muitos anos depois. De 3 a 5% do total da camada de ozônio já foi destruída pelos clorofluorcarbonetos. Outros gases, como o óxido de nitrogênio (NO), liberado pelos aviões na estratosfera, também contribuem para a destruição da camada do ozônio. A principal conse-

quência da destruição dessa camada é o grande aumento da incidência de câncer de pele, uma vez que os raios ultravioletas são mutagênicos.

[16] A ozonosfera, ou camada de ozônio, localiza-se na estratosfera, entre 16 e 30 quilômetros de altitude. Com cerca de 20 km de espessura, contém aproximadamente 90% do ozônio atmosférico. Os gases na ozonosfera são tão rarefeitos que, se comprimidos à pressão atmosférica ao nível do mar, sua espessura não seria maior que alguns milímetros. Esse gás é produzido nas baixas latitudes, migrando diretamente para as altas latitudes. As radiações eletromagnéticas emitidas pelo Sol trazem energia para a Terra, entre as quais a radiação infravermelha, a luz visível e um misto de radiações e partículas, muitas delas nocivas. Grande parte da energia solar é absorvida e reemitida pela atmosfera. Se chegasse em sua totalidade à superfície do Planeta, essa energia o esterilizaria. A ozonosfera é uma das principais barreiras que protegem os seres vivos dos raios ultravioleta. O ozônio deixa passar apenas uma pequena parte dos raios UV, esta benéfica. Quando o oxigênio molecular da alta-atmosfera sofre interações em razão da energia ultravioleta originada do Sol, acaba transformando-se em oxigênio atômico; o átomo de oxigênio e a molécula do mesmo elemento unem-se devido à reionização e acabam formando a molécula de ozônio, cuja composição é O_3. A região, quando saturada de ozônio, funciona como um filtro em que as moléculas absorvem a radiação ultravioleta do Sol devido a reações fotoquímicas, atenuando seu efeito. É nessa região que estão as nuvens-de-madrepérola, que são formadas pela capa de ozônio.

[17] Aquecimento global refere-se ao aumento da temperatura média dos oceanos e do ar perto da superfície da Terra que se tem verificado nas décadas mais recentes, e há possibilidade de sua continuação durante o século corrente. O fenômeno manifesta-se como um problema na temperatura sobre as áreas populosas do Hemisfério Norte, entre Círculo Polar Ártico e o Trópico de Câncer. O clima marítimo do Hemisfério Sul é mais estável, embora o aumento do nível médio do mar também o atinja. O clima marítimo depende da temperatura dos oceanos nos trópicos, e esta está em equilíbrio com a velocidade de evaporação da água, com a radiação solar que atinge a Terra e o efeito estufa.

[18] Agrotóxicos são produtos de natureza biológica, física ou química que têm a finalidade de exterminar pragas ou doenças que atacam as culturas agrícolas. Os agrotóxicos de uso agrícola podem ser classificados de acordo com o seu tipo em: 1) inseticidas: combatem as pragas, matando-as por contato e ingestão; 2) fungicidas: agem sobre os fungos impedindo a germinação, colonização ou erradicando o patógeno dos tecidos das plantas; 3) herbicidas: agem sobre as ervas daninhas seja pré-emergência ou pós-emergência. A Organização Mundial da Saúde (OMS) classificou os efeitos tóxicos dessas substâncias em classe I (extremamente perigosas) até classe IV (muito pouco perigosas). A maioria dos agrotóxicos de classe I é proibida ou estritamente controlada no mundo industrializado regulado, mas nem sempre isso ocorre em países emergentes onde os agrotóxicos de classe I estão, muitas vezes, livremente disponíveis em lugares que não têm os recursos para o uso de produtos mais seguros. No Brasil, de acordo com o Decreto nº 98.816/90,

os agrotóxicos podem ser classificados, conforme sua classe toxicológica, em: Classe I – Extremamente tóxicos - Faixa vermelha; Classe II – Altamente tóxicos – Faixa amarela; Classe III – Mediamente tóxicos – Faixa azul; e Classe IV – Pouco ou muito pouco tóxicos – Faixa verde.

[19] Resíduos sólidos, conforme a NBR 10004:2004 da Associação Brasileira de Normas Técnicas (ABNT), são resíduos nos estados sólido e semissólido, que resultam de atividades da comunidade de origem: industrial, doméstica, hospitalar, comercial, agrícola, de serviços e de varrição. Ficam incluídos nessa definição os lodos provenientes de sistemas de tratamento de água, aqueles gerados em equipamentos e instalações de controle de poluição, bem como determinados líquidos cujas particularidades tornem inviável seu lançamento na rede pública de esgotos ou em corpos d'água ou exijam para isso soluções técnica e economicamente inviáveis, diante da melhor tecnologia disponível.

[20] Cores conforme Resolução CONAMA, nº 275, de 25 de abril de 2001.

[21] Tecnologias de fim-de-tubo, ou *end of pipe*, têm o objetivo de tratar a poluição resultante de um processo produtivo com a incorporação de equipamentos e instalações nos pontos de descarga dos poluentes . Trata-se de adicionar a tecnologia ao final dos processos usuais, com o objetivo de reduzir as emissões nocivas ao meio ambiente sem mudanças nos equipamentos existentes. Exemplos são filtros, coletores de partículas e estações de tratamento de efluentes.

[22] Conscientização é o conceito central na filosofia da educação. Permite desenvolver uma consciência crítica ativa. A conscientização ambiental foca, obviamente, as questões ambientais.

[23] Três fatores englobam a definição multidimensional de competência: 1) a tomada de iniciativa e de responsabilidade do indivíduo; 2) a inteligência prática das situações, que se apoia nos conhecimentos adquiridos e os transforma; 3) a faculdade de mobilizar diferentes pessoas em torno das mesmas situações.

[24] O acidente é, por definição, um evento negativo e indesejado do qual resultam uma lesão pessoal, um dano material e/ou um impacto ambiental.

[25] Em junho de 1974, ocorreu uma explosão na planta de produção de caprolactama da fábrica Nypro Ltda., situada em Flixborough. A explosão ocorreu devido ao vazamento de cicloexano, causado pelo rompimento de uma tubulação temporária instalada como *by-pass* em razão da remoção de um reator para a realização de serviços de manutenção. O vazamento formou uma nuvem de vapor inflamável que entrou em ignição, resultando em uma violenta explosão seguida de incêndio que destruiu a planta industrial. Estimou-se que cerca de 30 toneladas de cicloexano vazaram, formando rapidamente uma nuvem de vapor inflamável, a qual encontrou uma fonte de ignição entre 30 e 90 segundos após

o início do vazamento. Os efeitos da sobrepressão ocorrida foram estimados como equivalentes à explosão de uma massa variando entre 15 e 45 toneladas de TNT. Ocorreram danos catastróficos nas edificações próximas, situadas em torno de 25 metros do centro da explosão. Além da destruição da planta, em razão do incêndio, 28 pessoas morreram e 36 foram gravemente feridas. Ocorreram ainda impactos nas vilas situadas nas proximidades da planta, afetando 1.821 residências e 167 estabelecimentos comerciais.

[26] Em junho de 1976, em uma planta industrial situada em Seveso, uma província de Milão, ocorreu a ruptura do disco de segurança de um reator, que resultou na emissão para a atmosfera de uma grande nuvem tóxica. O reator fazia parte do processo de fabricação de TCP (triclorofenol), e a nuvem tóxica formada continha vários componentes, entre eles o próprio TCP, etilenoglicol e 2,3,7,8-tetraclorodibenzoparadioxina (TCDD). A nuvem espalhou-se em uma grande área, contaminando pessoas, animais e o solo na vizinhança da unidade industrial. Toda a vegetação nas proximidades da planta morreu de imediato devido ao contato com compostos clorados. No total, 1.807 hectares foram afetados. A região denominada Zona A, com uma área de 108 hectares, continha uma alta concentração da dioxina TCDD (240 µg/m^2). Foram evacuadas 736 pessoas, sendo que 511 retornaram para suas casas no final de 1977; porém, as que moravam na Zona A perderam suas residências, em razão do nível de contaminação ainda existente nessa área, a qual permaneceu isolada por muitos anos. Toda a vegetação e o solo contaminados foram removidos, e as edificações tiveram de ser descontaminadas. Os custos estimados na operação de evacuação das pessoas e na remediação das áreas contaminadas foram da ordem de US$ 10 milhões. Os efeitos imediatos à saúde das pessoas limitaram-se ao surgimento de 193 casos de cloracne (doença de pele atribuída ao contato com a dioxina). Os efeitos à saúde de longo prazo ainda são monitorados.

[27] O acidente em Bhopal ocorreu em dezembro de 1984, na Índia, quando 40 toneladas de gases tóxicos vazaram na fábrica de pesticidas da Union Carbide. É considerado o pior desastre industrial ocorrido até hoje, e mais de 500 mil pessoas, a sua maioria trabalhadores, foram expostas aos gases e pelo menos 27 mil morreram por conta disso. A Union Carbide, empresa de pesticidas de origem norte-americana, negou-se a fornecer informações detalhadas sobre a natureza dos contaminantes, e, por isso, os médicos não tiveram condições de tratar adequadamente os indivíduos expostos. Cerca de 150 mil pessoas ainda sofrem com os efeitos do acidente e aproximadamente 50 mil pessoas estão incapacitadas para o trabalho devido a problemas de saúde. As crianças que nascem na região filhas de pessoas afetadas pelos gases, também apresentam problemas de saúde. Apesar desse quadro, a fábrica da Union Carbide em Bhopal permanece abandonada desde a explosão tóxica e resíduos perigosos e materiais contaminados ainda estão espalhados pela área, contaminando o solo e as águas subterrâneas dentro e no entorno da antiga fábrica.

[28] Em novembro de 1984, ocorreu a explosão de uma nuvem de vapor e uma série de BLEVEs na base de armazenamento e distribuição de gás liquefeito de petróleo (GLP)

da empresa PEMEX, localizada no bairro de San Juanico, Cidade do México. A base recebia GLP de três refinarias diferentes por meio de gasoduto. A capacidade principal de armazenamento da base era de 16.000 m³ (aproximadamente 8.960.000 kg) de GLP, distribuídos em: duas esferas com capacidade individual de 2.400 m³, quatro esferas menores de 1.600 m³ de capacidade individual e 48 cilindros horizontais (capacidades individuais variando de 36 a 270 m³). No momento do acidente, a PEMEX estava com o armazenamento em torno de 11.000 m³ de GLP. A explosão da nuvem atingiu cerca de 10 residências e iniciou o incêndio nas instalações da base. A vizinhança pensou se tratar de um terremoto devido ao forte barulho da explosão. Por volta das 5h45 da manhã ocorreu o primeiro BLEVE; após um minuto, outro BLEVE aconteceu, o mais violento dessa catástrofe, gerando uma bola de fogo com mais de 300 m de diâmetro. Ocorreram mais de 15 explosões BLEVE nas quatro esferas menores e em muitos dos reservatórios cilíndricos, explosões dos caminhões-tanque e botijões, chuva de gotículas de GLP, transformando tudo o que atingiam em chamas; alguns reservatórios e pedaços das esferas se transformaram em verdadeiros projéteis, atingindo edificações e pessoas. Os trabalhos de extinção do fogo e prevenção de novas explosões terminaram às 23 horas. As consequências desse acidente foram trágicas: morte de 650 pessoas, mais de 6 mil feridos e destruição total da base.

[29] Em fevereiro de 1984, moradores da Vila Socó (atual Vila São José), Cubatão/SP, perceberam o vazamento de gasolina em um dos oleodutos da Petrobrás que ligava a Refinaria Presidente Bernardes ao Terminal de Alemoa. A tubulação passava em região alagadiça, em frente à vila constituída por palafitas. Na noite do dia 24, um operador alinhou inadequadamente e iniciou a transferência de gasolina para uma tubulação (falha operacional) que se encontrava fechada, gerando sobrepressão e provocando sua ruptura, espalhando cerca de 700 mil litros de gasolina pelo mangue. Muitos moradores, visando conseguir algum dinheiro com a venda de combustível, coletaram e armazenaram parte do produto vazado em suas residências. Com a movimentação das marés, o produto inflamável espalhou-se pela região alagada, e, cerca de 2 horas após o vazamento, aconteceu a ignição seguida de incêndio. O fogo alastrou-se por toda a área alagadiça superficialmente coberta pela gasolina, incendiando as palafitas. O número oficial de mortos é de 93, porém algumas fontes citam um número extraoficial superior a 500 vítimas fatais (com base no número de alunos que deixou de comparecer à escola e na morte de famílias inteiras sem que ninguém reclamasse os corpos), dezenas de feridos e a destruição parcial da vila.

[30] Um incêndio, em novembro de 1986, na fábrica da Sandoz, em Basileia (Suíça), abalou a confiança da população europeia na indústria química. Em poucos minutos, os 6 mil metros quadrados do depósito foram consumidos pelas chamas. Mais de mil toneladas de inseticidas, substâncias à base de ureia e mercúrio transformaram-se em nuvens tóxicas incandescentes. Tambores de produtos químicos explodiram no ar como se fossem granadas. O cenário foi tão assustador que as autoridades de segurança pública, pela primeira vez desde a Segunda Guerra Mundial, deram alarme geral na região de Basileia. Os moradores da vizinhança foram obrigados a fechar as janelas e permanecer dentro de

casa. Quatrocentas mil pessoas estavam em perigo. Diretamente ao lado do prédio em chamas, havia um depósito de sódio e fosgênio (cloreto de carbonila) – gás tóxico, utilizado como arma mortífera na Primeira Guerra Mundial. A vítima fatal do acidente foi a natureza. A água usada para apagar o incêndio dissolveu e arrastou para o Reno 30 toneladas de produtos químicos, sobretudo agrotóxicos. Nos dias seguintes, morreram os seres vivos do rio, que abastece as cidades às suas margens, de Basileia a Rotterdã (Holanda), com água potável. Entre Basileia e Karlsruhe (na Alemanha) foram encontradas mais de 150 mil enguias mortas. O rio estava ecologicamente morto após a maior catástrofe já ocorrida no Alto Reno.

[31] O acidente nuclear de Chernobyl ocorreu em abril de 1986, na Usina Nuclear de Chernobyl (originalmente chamada de Vladimir Lenin), na Ucrânia (então parte da União Soviética). É considerado o pior acidente nuclear da história da energia nuclear; produziu uma nuvem de radioatividade que atingiu a União Soviética, a Europa Oriental, a Escandinávia e o Reino Unido. Grandes áreas da Ucrânia, Bielorrússia e Rússia foram muito contaminadas, resultando na evacuação e no reassentamento de aproximadamente 200 mil pessoas. Cerca de 60% da radioatividade atingiu território bielorrusso. Muitos dos operários e bombeiros que tentaram apagar o incêndio nas instalações morreram pouco depois, por terem sido expostos à radiação. O fogo só foi controlado quando helicópteros jogaram 5 mil toneladas de areia no topo do reator. Controlado o perigo mais imediato, veículos-robôs foram usados na tentativa de limpar a usina e eliminar os resíduos radioativos. Esses robôs apresentaram falhas de funcionamento, provavelmente devido aos altos níveis de radiação no local. Por fim, homens foram enviados para fazer tal limpeza (muitos deles também morreram). Mais de 115 mil pessoas foram evacuadas das regiões vizinhas. Ucrânia e Bielorrússia (atual Belarus) enfrentam problemas a longo prazo. Muitos dos seus habitantes não podem beber água do local ou ingerir vegetais, carne e leite ali produzidos. Cerca de 20% do solo agricultável e 15% das florestas de Belarus não poderão ser ocupados por mais de um século devido aos altos índices de radioatividade. Especialistas estimam que 8 mil ucranianos já morreram em consequência da tragédia. Há previsões de que até 17 mil pessoas poderão morrer de câncer nos próximos 70 anos devido à radiação espalhada no acidente.

[32] Acidente ambiental é um acontecimento inesperado e indesejado que pode causar, direta ou indiretamente, danos ao meio ambiente e à saúde humana. Entre as várias consequências de um acidente ou uma emergência ambientais podem ser citados: poluição do ar; contaminação do solo e dos recursos hídricos; danos à fauna e flora; destruição de ecossistemas; danos à saúde humana; prejuízos econômicos, etc.

[33] Brigada de emergência é basicamente um grupo organizado de pessoas que recebem capacitação especial para atuar em uma área previamente estabelecida, na prevenção de incêndio, na organização de abandono de áreas em situação de sinistro para remoção de pessoas em segurança e no combate a um princípio de incêndio e que também estejam aptas a prestar os primeiros socorros a possíveis vítimas.

[34] SESMT = Serviço especializado em engenharia de segurança e medicina do trabalho.

[35] Incêndios de grandes proporções são aqueles que fogem do controle e põem em risco vidas humanas e os negócios da empresa.

[36] Um derramamento químico é classificado como uma situação de emergência de grande porte sempre que: a) puder provocar ferimentos ou a exposição do produto químico exigir a atenção médica; b) causar perigo de fogo ou liberação de vapores incontroláveis; c) requerer o uso de equipamentos de proteção respiratória; d) envolver contaminação de uma área pública; e) causar contaminação de rápido transporte por via aérea, exigindo a evacuação do local ou do edifício; f) causar derramamento que não possa ser controlado ou isolado pelo pessoal do laboratório ou pela Brigada; g) causar danos ao patrimônio da empresa; h) requerer um processo de limpeza prolongado; i) envolver uma substância desconhecida; j) envolver absorção da substância química pelo solo ou escoamento para corpos de água.

CAPÍTULO 5

VERIFICAÇÃO (CHECK)

→ **MONITORAMENTO E MEDIÇÃO**

O conhecimento do desempenho ambiental é um elemento vital em qualquer sistema de gestão, visto que é impossível gerenciá-lo de maneira eficaz sem um processo de medição. Só é possível gerenciar aquilo que se pode medir; assim, existem três razões básicas para medir e monitorar o desempenho do sistema de gestão:

1. demonstrar resultados de desempenho;
2. criar um mecanismo de retroalimentação;
3. manter os processos sob controle.

O requisito que trata desse assunto na Norma ISO 14001 é o 4.5.1, transcrito no **Quadro 5.1**.

Somente por meio de um controle transparente e sistemático a direção da organização pode saber se os objetivos e as disposições são alcançados. Esse controle sistemático só é possível mediante monitoramento e medição das características principais das operações que possam ter um impacto ambiental significativo.

> **QUADRO 5.1**
> **REQUISITO 4.5.1 DA NORMA ISO 14001**
>
> **4.5.1 MONITORAMENTO E MEDIÇÃO**
>
> A organização deve estabelecer, implementar e manter procedimento(s) para monitorar e medir regularmente as características principais de suas operações que possam ter um impacto ambiental significativo. O(s) procedimento(s) deve(m) incluir a documentação de informações para monitorar o desempenho, os controles operacionais pertinentes e a conformidade com os objetivos e metas ambientais da organização.
>
> A organização deve assegurar que os equipamentos de monitoramento e medição calibrados ou verificados sejam utilizados e mantidos, devendo-se reter os registros associados.

Fonte: International Organization for Standardization (2004).

É importante ressaltar que todas as medições e os monitoramentos devem ser estabelecidos sobre elementos controláveis ou gerenciáveis, isto é, aqueles sobre os quais as pessoas envolvidas têm responsabilidades e podem atuar na correção de desvios para a melhoria dos resultados.

Caso isso não ocorra, haverá desperdício e criação de burocracia no sistema de gestão, pois se cria um mecanismo que demanda recursos (tempo, *software*, etc.) sem fornecer qualquer tipo de retorno.

O requisito também exige que, com base em suas formas de medição e monitoramento, devem ser identificados e controlados os equipamentos de medição utilizados. Essa exigência busca assegurar que estejam adequados ao uso e com a precisão exigida, garantindo a confiabilidade das medições realizadas. Para isso, as organizações devem estabelecer sistemáticas para a calibração[1] e manutenção desses equipamentos de medição, considerando:

1. Formas de identificação dos instrumentos de medição e ensaio
2. Periodicidade de calibração ou testes
3. Forma de registro das atividades de calibração (certificados, formulários, etc.)
4. Forma de acondicionamento dos equipamentos
5. Definição da precisão e exatidão requeridas para cada equipamento
6. Incerteza de medição máxima tolerada

7   Ações que devem ser realizadas em caso de identificação de equipamentos com desvio, não só no equipamento, mas de mitigação ao meio ambiente caso os resultados possam ter causado impactos ambientais.

AUDITORIA INTERNA

A auditoria do sistema de gestão ambiental (SGA) é um processo sistemático, independente[2] e documentado, para obter evidência e avaliá-la objetivamente a fim de determinar a extensão em que os critérios de auditoria desse sistema estabelecidos pela organização são atendidos.

Com o propósito de garantir a implementação de um sistema de gestão, sua manutenção e melhoria contínua, as organizações devem ter uma sistemática para realização de auditorias internas.

Auditoria interna é uma atividade destinada a observar, indagar, questionar, etc. Trata-se de um controle administrativo, cuja função é avaliar a eficiência e eficácia do SGA. Essa auditoria é de suma importância para as organizações, desempenhando papel de grande relevância, ajudando a eliminar desperdícios, simplificar tarefas; serve de ferramenta de apoio à gestão e transmite informações aos administradores sobre o desenvolvimento das atividades.

O requisito da Norma ISO 14001 que trata desse assunto é o 4.5.5, transcrito no **Quadro 5.2**.

Esse requisito estabelece a exigência de auditorias internas, também chamadas de auditorias de primeira parte, ou seja, aquelas realizadas pela própria empresa, ou em seu nome, para propósitos internos.

As auditorias externas, de segunda e terceira parte, são conduzidas respectivamente pelas partes que têm interesse na organização, tais como clientes ou outras pessoas em seu nome, ou por organizações externas que fornecem certificados ou registros de conformidade, e não são exigidas pelo requisito 4.4.5 da ISO 14001.

Os resultados das auditorias servem de análise para a administração sobre a aptidão e a eficácia do SGA, resultando em um incentivo ao levantamento dos pontos fracos e propiciando o desenvolvimento e a melhoria contínua do SGA.

Existem diversos motivos para uma auditoria interna em um sistema de gestão, que também podem ser considerados válidos para um SGA:

1   Obter informações sobre o estágio atual de desempenho do sistema de gestão e as tendências ou evoluções desses resultados ao longo do tempo.

→ **QUADRO 5.2**
REQUISITO 4.4.5 DA NORMA ISO 14001

4.5.5 AUDITORIA INTERNA

A organização deve assegurar que as auditorias internas do sistema da gestão ambiental sejam conduzidas em intervalos planejados para

a) determinar se o sistema da gestão ambiental

   1) está em conformidade com os arranjos planejados para a gestão ambiental, incluindo-se os requisitos desta Norma, e

   2) foi adequadamente implementado e é mantido, e

b) fornecer informações à administração sobre os resultados das auditorias.

Programa(s) de auditoria deve(m) ser planejado(s), estabelecido(s), implementado(s) e mantido(s) pela organização, levando-se em consideração a importância ambiental da(s) operação(ões) pertinente(s) e os resultados das auditorias anteriores.

Procedimento(s) de auditoria deve(m) ser estabelecido(s), implementado(s) e mantido(s) para tratar

– das responsabilidades e requisitos para se planejar e conduzir as auditorias, para relatar os resultados e manter registros associados,

– da determinação dos critérios de auditoria, escopo, frequência e métodos.

A seleção de auditores e a condução das auditorias devem assegurar objetividade e imparcialidade do processo de auditoria.

Fonte: International Organization for Standardization (2004).

2. Julgar a funcionalidade e a eficácia do sistema de gestão para identificar oportunidades de melhorias.
3. Obter informações para retroação, visando a melhoria contínua.
4. Obter informações adicionais para justificar a priorização das inovações e melhorias necessárias diante das circunstâncias existentes.
5. Fornecer informações aos responsáveis pela decisão sobre as necessidades de introduzir novas tecnologias a fim de consolidar o processo de melhoria contínua.

6   Compreender como essas melhorias podem ser alcançadas ante as restrições de recursos existentes.
7   Proporcionar transparência às partes interessadas.
8   Justificar desempenho do sistema de gestão ao longo do tempo diante dos objetivos estabelecidos.
9   Proporcionar elementos para análise crítica do sistema de gestão pela alta direção.
10 Auxiliar os gerentes e demais empregados a compreender como solucionar os problemas identificados e que alternativas existem para isso.
11 Construir bases para o aprendizado organizacional.
12 Preparar a organização para processos de certificação ou prêmios de excelência.

Os objetivos da auditoria interna são principalmente retroagir sobre o sistema, de forma a melhorar seu desempenho, bem como subsidiar a gerência, fornecendo um diagnóstico sistematizado, no qual são ressaltados não só os aspectos negativos, mas também os positivos.

A auditoria não deve ter como objetivo punir culpados, mas desencadear ações corretivas que melhorem o sistema.

➔ VERIFICAÇÃO DO ATENDIMENTO A REQUISITOS LEGAIS

A nova versão da Norma ISO 14001, lançada em 2004, traz um novo requisito em relação à de 1996, sobre requisitos legais e outros requisitos. Este, transcrito no **Quadro 5.3**, trata da reavaliação periódica do cumprimento dos requisitos legais e de outros.

A justificativa para esse novo requisito é que, para garantir a conformidade legal exigida, torna-se necessária constante reavaliação de seu atendimento, o que parece um tanto óbvio, e é possível até mesmo entender que se trate de um pressuposto do requisito 4.3.2 já discutido – Requisitos legais e outros.

Esse requisito é uma inovação em relação às outras normas para sistemas de gestão, pois na ISO 9001:2000 para SGQ (Sistemas de Gestão da Qualidade), na OHSAS 18.001:1999 para SGSO (Sistemas de Gestão da Segurança Ocupacional) e na ISO 22000 para SGSA (Sistemas de Gestão da Segurança dos Alimentos), existem requisitos que pedem o cumprimento das exigências legais ou de outras, sendo um pressuposto que, para o efetivo cumprimento e a manutenção

> **QUADRO 5.3**
> **REQUISITO 4.5.2 DA NORMA ISO 14001**
>
> **4.5.2 AVALIAÇÃO DO ATENDIMENTO A REQUISITOS LEGAIS E OUTROS**
>
> 4.5.2.1 De maneira coerente com o seu comprometimento de atendimento a requisitos, a organização deve estabelecer, implementar e manter procedimento(s) para avaliar periodicamente o atendimento aos requisitos legais aplicáveis.
>
> A organização deve manter registros dos resultados das avaliações periódicas.
>
> 4.5.2.2 A organização deve avaliar o atendimento a outros requisitos por ela subscritos. A organização pode combinar esta avaliação com a avaliação referida em 4.5.2.1 ou estabelecer um procedimento em separado.
>
> A organização deve manter registros dos resultados das avaliações periódicas.

Fonte: International Organization for Standardization (2004).

do requisito de atendimento às questões legais, a organização tenha que fazer pesquisa e reavaliação periódicas; porém, a ISO 14001 está sendo mais enfática nesse sentido, trazendo um requisito específico que evidencia essa necessidade.

→ NOTAS

[1] Calibração são as operações que ocorrem sob condições especificadas a fim de medir e comparar a relação entre os valores indicados por um instrumento de medição ou sistema de medição contra os valores representados por uma medida materializada ou um material de referência, ou os correspondentes das grandezas estabelecidas por padrões.

[2] Independência do auditor em muitos casos, sobretudo nas organizações menores; a independência pode ser demonstrada pela isenção de responsabilidade em relação à atividade sendo auditada.

CAPÍTULO 6

AÇÃO (ACT)

→ **AÇÃO CORRETIVA E PREVENTIVA**

Quando é criado, na organização, um espaço facilitador para tratar dos problemas ali existentes, em suas dimensões de efeitos e causas, é possível melhorar de forma considerável a visão dos problemas em sua verdadeira essência e dar-lhes a solução adequada. Basicamente, é para criar esse espaço que a Norma ISO 14001 apresenta o requisito 5.4.3, transcrito no **Quadro 6.1**.

É natural que sistemas possam falhar, que objetivos possam não ser alcançados, bem como processos e operações de caráter técnico possam se desviar dos procedimentos normais. Por isso, devem ser organizadas rotinas que permitam detectar rapidamente esses desvios, para que ações corretivas possam ser imediatamente acionadas.

Esse requisito busca uma retroação no sistema de gestão ambiental (SGA), pois objetiva garantir uma característica dinâmica e que propicie o aprendizado organizacional,[1] buscando melhoria do desempenho com base nos problemas detectados, sejam eles reais ou potenciais.

Primeiro, devem ser esclarecidos os termos básicos utilizados nesse requisito:

1. Correção é a ação realizada para eliminar uma não conformidade identificada, ou seja, é uma ação para transformar uma ação não conforme

> **QUADRO 6.1**
> **REQUISITO 4.5.3 DA NORMA ISO 14001**
>
> **4.5.3 NÃO CONFORMIDADE, AÇÃO CORRETIVA E AÇÃO PREVENTIVA**
>
> A organização deve estabelecer, implementar e manter procedimento(s) para tratar as não conformidades reais e potenciais, e para executar ações corretivas e preventivas. O(s) procedimento(s) deve(m) definir requisitos para
>
> a) identificar e corrigir não conformidade(s) e executar ações para mitigar seus impactos ambientais,
> b) investigar não conformidade(s), determinar sua(s) causa(s) e executar ações para evitar sua repetição,
> c) avaliar a necessidade de ação(ões) para prevenir não conformidades e implementar ações apropriadas para evitar sua ocorrência,
> d) registrar os resultados da(s) ação(ões) corretiva(s) e preventiva(s) executada(s), e
> e) analisar a eficácia da(s) ação(ões) corretiva(s) e preventiva(s) executada(s).
>
> As ações executadas devem ser adequadas à magnitude dos problemas e ao(s) impacto(s) ambiental(is) encontrado(s).
>
> A organização deve assegurar que sejam feitas as mudanças necessárias na documentação do sistema da gestão ambiental.

Fonte: International Organization for Standardization (2004).

em conforme. Aqui não se resolve o problema, mas se planejam ações para impedir reincidência. Por exemplo, se uma vaca cair em um brejo, a correção é tirar a vaca de lá.

2 Ação corretiva[2] é aquela que elimina a causa de uma não conformidade identificada ou outra situação indesejável. Seguindo o exemplo anterior, após retirar a vaca do brejo, seria entender por que caiu e agir para que não torne a cair, por exemplo, cercando o brejo com arame farpado.

3 Ação preventiva é aquela realizada para eliminar a causa de uma potencial não conformidade ou de outra situação potencialmente indesejável. Ainda usando o mesmo exemplo, seria cercar o brejo antes de a vaca cair, quando foi identificado o potencial problema, pois havia uma vaca vagando enquanto pastava e um brejo no meio, então o risco existia.

Deve-se destacar que a ação preventiva é executada para prevenir a ocorrência, enquanto a corretiva é executada para prevenir a repetição. Tanto para as ações corretivas quanto para as preventivas, deve ser realizado primeiro um processo de investigação de causas, pois somente as conhecendo é possível impedir a ocorrência ou reincidência de não conformidades e acidentes ambientais.

A **Figura 6.1** esquematiza quando se deve agir por meio de uma correção, de uma ação preventiva e de uma ação corretiva.

A análise e a solução de problemas ambientais são iniciadas pela identificação da causa dos problemas. Os problemas ambientais da organização devem ser listados, e, com base nas informações sobre riscos dos impactos ambientais, na gravidade desses impactos, nas questões legais relacionadas e na opinião de partes interessadas, é composto um *ranking* de prioridades.

A análise e as soluções desses problemas seguem, então, a ordem de importância estabelecida, definindo-se metas a serem alcançadas e um cronograma a ser cumprido.

A **Figura 6.2** apresenta um roteiro para investigação e solução de problemas, denominado Metodologia de análise e soluções de problemas (MASP), que pode ser bastante útil às questões ambientais.

Com base nos resultados do processo de investigação das causas, devem ser estabelecidos o planejamento das ações necessárias para superá-las e a forma de acompanhar sua aplicação e sua eficácia. A **Figura 6.3** apresenta um exemplo simplificado de formulário adotado para esse fim.

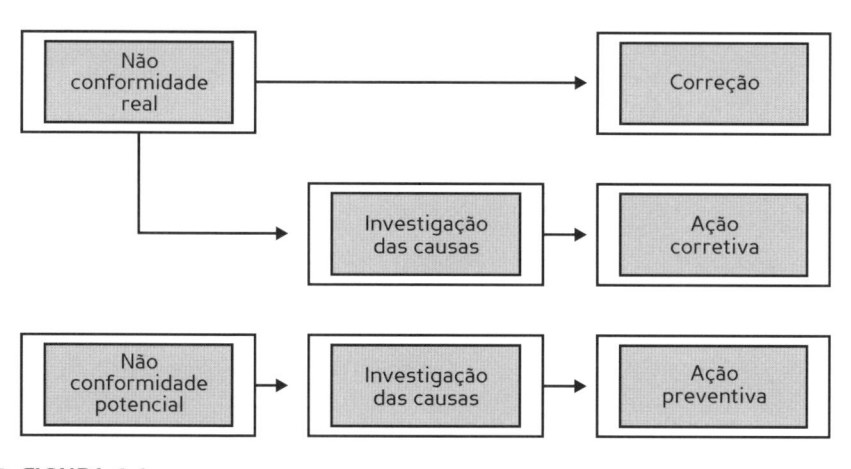

→ **FIGURA 6.1**
Ações para tratar não conformidades.

```
         ┌─( 1 )
         │   ↓
         │  ( 2 ) OBSERVAÇÃO
         │       Reconhecimento das características
         │       do problema
         │   ↓
         │  ( 3 ) ANÁLISE
         │       Descoberta das causas principais
         │   ↓
         │  ( 4 ) PLANO DE AÇÃO
         │       Contramedidas às causas principais
         │   ↓
         │                              ( 5 ) EXECUÇÃO
         │                                    Atuação de acordo com o plano de ação
         │   ↓
         │  ( 6 ) VERIFICAÇÃO
         │       Confirmação da efetividade da ação
         │                              ( 7 ) PADRONIZAÇÃO
         │                                    Eliminação definitiva das causas
         │   ↓
         │  NÃO      SIM                ( 8 ) CONCLUSÃO
         └──◆ EFETIVO? ─────────────→         Revisão das atividades e
                                              planejamento para trabalho futuro
```

→ **FIGURA 6.2**
Metodologia MASP.

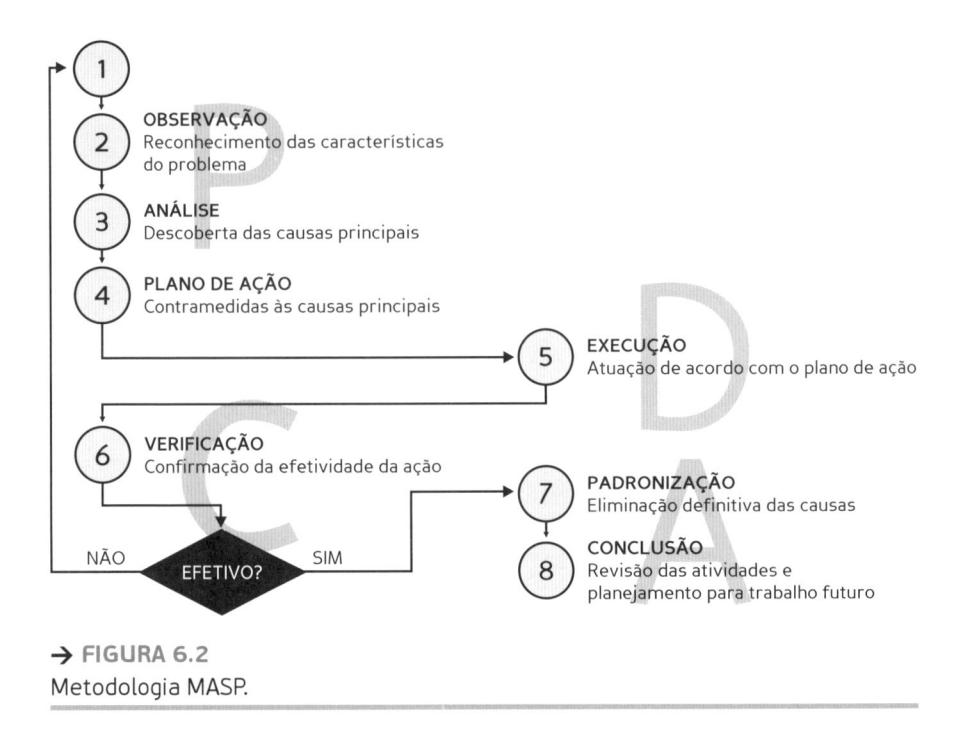

Lembre que, quando se fala das questões ambientais, caso não tenha havido ações preventivas, após ocorrência de um dano ao meio ambiente, a ação corretiva servirá para evitar uma nova ocorrência; contudo, com frequência, o mais dispendioso será a correção, ou seja, a mitigação do dano ocorrido. Isso, em geral, é muito mais caro do que a organização agir preventivamente, pois muitas vezes envolve recuperação de áreas degradadas, problemas com comunidades circunvizinhas e, claro, degradação da imagem da organização ante as partes interessadas.

→ ANÁLISE CRÍTICA PELA ADMINISTRAÇÃO

Um requisito primordial para todo sistema de gestão bem-sucedido é não deixar dúvidas a qualquer dos empregados ou partes interessadas de que a diretoria esteja engajada.

Para isso, a diretoria deve sustentar seu compromisso de forma contínua, e não apenas temporária, durante o estabelecimento da política do sistema de

REGISTRO DE ABERTURA E TRATATIVA DE NÃO CONFORMIDADE			Nº
Tipo de não conformidade:	( ) NÃO CONFORMIDADE REAL ( ) NÃO CONFORMIDADE POTENCIAL		
Ocorrência:			
Correção:			
Causas:			
Ações e recursos necessários:			
DESCRIÇÃO	PRAZO	RESPONSÁVEL	SITUAÇÃO
Avaliação da eficácia:			

→ **FIGURA 6.3**
Exemplo simplificado de formulário para tratar não conformidades.

gestão. Nesse sentido, em intervalos predeterminados, deve analisar criticamente o sistema de gestão ambiental.

A análise crítica[3] pela administração tem como foco o desempenho global do sistema de gestão, e não a análise de detalhes específicos, visto que estes podem ser tratados pelos demais elementos do sistema, tais como medição e monitoramento, ação corretiva e preventiva, etc. Assim, o que se deseja é um olhar sobre o atendimento da política ambiental, de objetivos e metas, da relação com partes interessadas e do cumprimento da legislação.

O requisito que trata desse tema na Norma ISO 14001 está transcrito no **Quadro 6.2**.

A alta administração é responsável pelo alcance permanente não só dos objetivos econômicos da empresa, como também dos ambientais e sociais; por isso, necessita proceder análises e revisões regulares do SGA, em que temas

→ **QUADRO 6.2**
REQUISITO 4.4.6 DA NORMA ISO 14001

4.4.6 ANÁLISE PELA ADMINISTRAÇÃO

A alta administração da organização deve analisar o sistema da gestão ambiental, em intervalos planejados, para assegurar sua continuada adequação, pertinência e eficácia. Análises devem incluir a avaliação de oportunidades de melhoria e a necessidade de alterações no sistema da gestão ambiental, inclusive da política ambiental e dos objetivos e metas ambientais. Os registros das análises pela administração devem ser mantidos.

As entradas para análise pela administração devem incluir

a) resultados das auditorias internas e das avaliações do atendimento aos requisitos legais e outros subscritos pela organização,

b) comunicação(ões) proveniente(s) de partes interessadas externas, incluindo reclamações,

c) o desempenho ambiental da organização,

d) extensão da qual foram atendidos os objetivos e metas,

e) situação das ações corretivas e preventivas,

f) ações de acompanhamento das análises anteriores,

g) mudanças de circunstâncias, incluindo desenvolvimento em requisitos legais e outros relacionados aos aspectos ambientais, e

h) recomendações para melhoria.

As saídas da análise pela administração devem incluir quaisquer decisões e ações relacionadas e possíveis mudanças na política ambiental, nos objetivos, metas e em outros elementos do sistema da gestão ambiental, consistentes com o comprometimento com a melhoria contínua.

Fonte: International Organization for Standardization (2004).

associados às questões ambientais devem estar em pauta de reuniões executivas, por meio de auditorias e relatórios.

A alta administração precisa comparar a situação atual com a situação almejada pela política ambiental, os objetivos e as metas ambientais, e, com base nessa avaliação, deve-se assegurar a eficiência permanente do SGA, mas também sua adequação à Norma ISO 14001 e à melhoria contínua.

A análise crítica pela alta administração serve a esse propósito, baseando-se em como as lideranças percebem, pensam e sentem a importância do SGA e também em qual visão é assumida para definir os objetivos, caracterizar os problemas, identificar as oportunidades de melhoria, definir estratégias e implementar planos de ação.

A análise crítica é o centro nervoso e inteligente de um sistema de gestão, com capacidade para tornar a organização mais competitiva, como resultado do adequado gerenciamento do capital humano e dos materiais disponíveis. Uma forma de resumir esquematicamente o processo de gestão de um sistema utiliza três atividades, como mostra a **Figura 6.4**.

Em geral, a análise crítica é realizada por meio de reuniões periódicas da diretoria. Apesar disso, independentemente da periodicidade definida, podem ser realizadas novas reuniões no caso de inserção de novas tecnologias, resultados inadequados de indicadores, resultados deficientes em auditorias, mudanças de

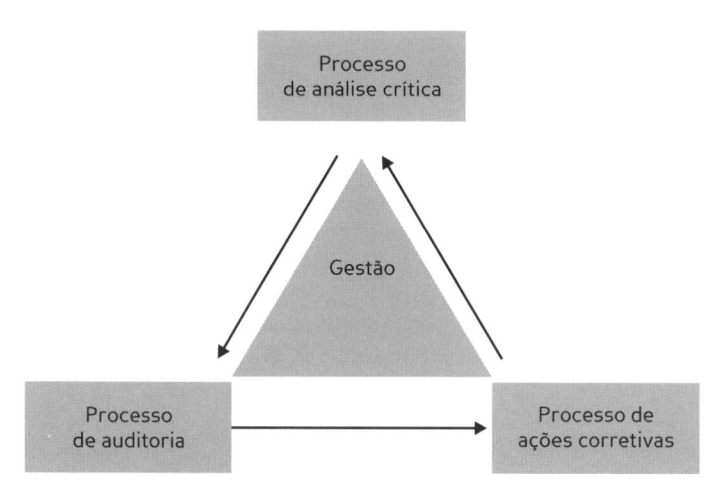

→ **FIGURA 6.4**
Esquema do processo de gestão.

corpo técnico da organização, reclamação das partes interessadas, aumento de custos de manutenção do sistema de gestão ambiental, etc.

A organização é que deve determinar a periodicidade requerida; sistemas mais maduros podem ter um espaçamento maior entre as análises críticas, pois o tema passa a ser parte da pauta diária nas reuniões executivas; de outra forma, elas devem ser mais constantes. Porém, uma boa prática é que sejam, no mínimo, semestrais.

A diretoria deve receber todas as informações relevantes para efetuar essa análise de maneira objetiva e factual. Tais informações podem ser disponibilizadas por meio de relatórios específicos ou pela efetiva participação de membros do corpo técnico do SGA, gerentes de setores ou outros.

A participação da diretoria no SGA é extremamente importante, pois, em ambos os casos, ela é responsável por:

1. estabelecer o sistema de gestão;
2. deliberar sobre recursos a serem alocados;
3. designar responsabilidades;
4. servir de exemplo para empregados.

Mais do que tudo, a análise crítica serve para ajudar a organização a pensar suas ações levando em consideração as questões ambientais, o que pode ser um grande fator transformador na cultura de uma organização.

→ NOTAS

[1] Aprendizado organizacional é uma metáfora empregada para fazer referência ao processo pelo qual os membros da organização detectam anomalias e as corrigem ao reestruturar a teoria em uso na organização. É a aquisição de competências coletivas que permite promover melhorias no desempenho organizacional com base em experiências adquiridas.

[2] Pode existir mais de uma causa para uma não conformidade. A ação corretiva é executada para prevenir a repetição, enquanto a preventiva é executada para prevenir a ocorrência. Existe uma diferença entre correção e ação corretiva; a correção é uma disposição imediata para um problema.

[3] Análise crítica é uma avaliação geral de um determinado tema. Neste caso ambiental, em relação a requisitos preestabelecidos, tendo como objetivo a identificação de problemas, visando sua solução.

ANEXOS

ANEXO 1   IDENTIFICAÇÃO DE ASPECTOS AMBIENTAIS SIGNIFICATIVOS – PLANO GAIA-PCC

ANEXO 2   CONTROLE DE PCCs AMBIENTAIS – PLANO GAIA-PCC

ANEXO 3   MONITORAMENTO DE PCCs AMBIENTAIS – PLANO GAIA-PCC

IDENTIFICAÇÃO DE ASPECTOS AMBIENTAIS SIGNIFICATIVOS
PLANO GAIA-PCC
SISTEMA DE GESTÃO AMBIENTAL – ANEXO 1

LOGOTIPO										
Nº	Etapa do processo	Aspecto ambiental	Impacto amb. ou risco de aci. amb.	Quantidade	Frequência ou probabilidade	Gravidade	Relevância	Métodos de controle	Meta/Limite de controle	Legislação de referência	PCC? Prog. ambiental? Risco acidente?

LOGOTIPO	CONTROLE DE PCCs AMBIENTAIS PLANO GAIA-PCC							
	SISTEMA DE GESTÃO AMBIENTAL – ANEXO 2							
Nº	Etapa do processo	Variável ou atributo de verificação	Responsável	Frequência	Método	Limite de controle	Ação corretiva	Registro

MONITORAMENTO DE PCCs AMBIENTAIS
PLANO GAIA-PCC
SISTEMA DE GESTÃO AMBIENTAL – ANEXO 3

LOGOTIPO								
Nº	Etapa do processo	Unidade industrial	Variável ou atributo de verificação	Responsável	Freqüência	Método	Limite de controle	Ação corretiva	Registro

REFERÊNCIAS

ASSOCIAÇÃO BRASILEIRA DA INDÚSTRIA DA ALIMENTAÇÃO. São Paulo: ABIA, [2011]. Disponível em: www.abia.org.br. Acesso em: 01 nov. 2004.

ASSOCIAÇÃO BRASILEIRA DE NORMAS TÉCNICAS. *NBR 10004:2004 – Resíduos sólidos – Classificação*. Rio de Janeiro: ABNT, 2004.

ASSOCIAÇÃO BRASILEIRA DE NORMAS TÉCNICAS. *NBR14276:1999 – Programa de brigada de incêndio*. Rio de Janeiro: ABNT, 1999.

ASSOCIAÇÃO BRASILEIRA DE NORMAS TÉCNICAS. *Sistemas de gestão ambiental*: diretrizes gerais sobre princípios, sistemas e técnicas de apoio. Rio de Janeiro: ABNT, 1996.

BRASIL. Ministério do Meio Ambiente. Conselho Nacional do Meio Ambiente. *Resolução nº 275, de 25 de abril de 2001*. Brasília: CONAMA, 2001.

BRASIL. Ministério do Meio Ambiente. Conselho Nacional do Meio Ambiente. *Resolução nº 313, de 29 de outubro de 2002*. Dispõe sobre o Inventário Nacional de Resíduos Sólidos industriais. Brasília: CONAMA, 2002.

INSTITUTO NACIONAL DE METROLOGIA, QUALIDADE E TECNOLOGIA. *Empresas certificadas ISSO 14001*. [Brasília: INMETRO, 2011]. Disponível em: www.inmetro.gov.br/gestao14001. Acesso em: 05 jan. 2005.

INTERNATIONAL ORGANIZATION FOR STANDARDIZATION. *ISO 14001:2004 – environmental management systems – requirements with guidance for use*. Geneva: ISO, 2004.

SCHUMACHER, E. F. *Small is beautiful*: economics as if people mattered. New York: HarperPerennial, 1973.

→ LEITURAS SUGERIDAS

ACKOFF, R. L. *Re-creation the corporation*: a design of organizations for the 21st century. New York: Oxford University Press, 1999.

ALMEIDA, C. R. O sistema HACCP como instrumento para garantir a inocuidade dos alimentos. *Revista Higiene Alimentar*, v. 12, n. 53, p. 12-20, 1998.

ARNOLD, K. L. *O guia gerencial para a ISO 9000*. Rio de Janeiro: Campus, 1995.

ARTER, D. R. *Quality audits for improved performance*. Milwaukee: ASQC Quality Press, 1999.

AYOADE, A.; GIBB, A. G. F. I. Integration of quality, safety, and environmental systems. In: INTERNATIONAL CONFERENCE OF CIB WORKING COMMISSION W99: implementation of safety and health on construction sites, 1., 1996, Lisbon. *Proceedings...* Lisbon: [s.n.], 1996. p. 11-20.

AYRES, R. U. *Industrial metabolism, the materials cycle, and global change*. Tokyo: UNU/IAS, 1996. (UNU/IAS Working Paper, 10).

AYRES, R. U.; SIMONIS, U. E. *Industrial metabolism*: restructuring for sustainable development. Tokyo: UNU, 1994.

BARBOSA, L. A. A. *Modelo GAS*: uma proposta de integração do Pensamento Sistêmico ao Sistema de Gestão Ambiental da ISO 14001. 2001. Dissertação (Mestrado) – Fundação Universidade Regional de Blumenau, Blumenau, 2001.

BARREIROS, D. *Gestão da segurança e saúde no trabalho*: estudo de um modelo sistêmico para as organizações do setor mineral. 2002. 317 f. Tese (Doutorado) – Escola Politécnica, Universidade de São Paulo, São Paulo, 2002.

BARREIROS, D. *Sistemas de gestão para a saúde e segurança do trabalho*: o que está sendo discutido? Florianópolis: Fundacentro, 2000.

BARTELMUS, P. *Environment, growth and development*: the concepts and strategies of sustainability. 2nd ed. London: Routledge, 1994.

BEAZLEY, M. *Cuidando do planeta*: uma estratégia de sobrevivência. Rio de Janeiro: Bandeirante, 1995.

BECKMERHAGEN, I. A. et al. Integration of management systems: focus on safety in the nuclear industry. *International Journal of Quality & Retiability Management*, v. 20, n. 2, p. 210-228, 2003.

BENITE, A. G. *Sistema de gestão da segurança e saúde no trabalho para empresas construtoras*. 2004. Dissertação (Mestrado) – Escola Politécnica, Universidade de São Paulo, São Paulo, 2004.

BERTALANFFY, L. V. *Teoria geral dos sistemas*. Petrópolis: Vozes, 1973.

CAJAZEIRA, J. E. R. *ISO 14001*: manual de implantação. Rio de Janeiro: Qualitymark, 1998.

CALLENBACH, E. et al. *Gerenciamento ecológico*: guia do instituto Elmwood de auditoria ecológica e negócios sustentáveis. São Paulo: Cultrix, 1993.

CAMPOS, V. F. *TQC – Controle da Qualidade Total*: no estilo japonês. 2. ed. Rio de Janeiro: Escola de Engenharia da UFMG, 1992.

CARDELLA, B. *Segurança no trabalho e prevenção de acidentes*: uma abordagem holística. São Paulo: Atlas, 1999.

CARVALHO, A. B. M. de. Os benefícios da ecoeficácia. *Revista Banas Ambiental*, v. 1, n. 4, p. 14-16, 2000.

CASTRO, N. de. *A questão ambiental*: o que todo empresário precisa saber. Brasília: SEBRAE, 1996.

CENTRO DA QUALIDADE, SEGURANÇA E PRODUTIVIDADE. São Paulo: QSP, c1997-2011. Disponível em: www.qsp.com.br. Acesso em: 15 nov. 2004.

CERQUEIRA, J. P.; MARTINS, M. C. *O sistema ISO 9000 na prática*. São Paulo: Pioneira, 1996. (Série Qualidade Brasil).

CERVO, A. L.; BERVIAN, P. A. *Metodologia científica*: para uso dos estudantes universitários. São Paulo: McGraw-Hill, 1983.

CHECKLAND, P. *Systems thinking, systems practice*. Chichester: John Wiley & Sons, 1993.

CHIAVENATO, I. *Gerenciando pessoas*: o passo decisivo para a administração participativa. São Paulo: Makron Books, 1992.

CHIAVENATO, I. *Introdução à teoria geral da administração*. 4. ed. São Paulo: Makron Books, 1993.

CHISSICK, S. S. Emergency planning. In: CHISSICK, S. S.; DERRICOT, R. *Occupational health and safety management*. Chichester: John Wiley & Sons, 1981.

CHURCHMAN, C. W. *Introdução à teoria dos sistemas*. 2. ed. Petrópolis: Vozes, 1972.

CORRÊA, A. L. A. *Certificação segundo a ISO 14001*: metodologia para revisão ambiental inicial. 2000. Tese (Doutorado) – Escola Politécnica, Universidade de São Paulo, São Paulo, 2000.

COSTA, N. *Uma introdução ao ciclo de vida do produto*: estudo da reciclagem. Florianópolis: UFSC, 1996. Trabalho apresentado na disciplina Tópico Avançado – Ferramentas da Qualidade Ambiental, da EPS/UFSC.

CRUZ, M. S. *Gestão ambiental nas indústrias de construção civil*. 1998. Dissertação (Mestrado) – Escola Politécnica, Universidade de São Paulo, São Paulo, 1998.

CZAJA, M. C. Implementação requer administração pró-ativa. *Revista Banas Ambiental*, v. 2, n. 12, p. 46-50, 2001.

DAVIS, M. M.; AQUILANO, N. J.; CHASE, R. B. *Fundamentos da administração de produção*. 3. ed. Porto Alegre: Bookman, 2001.

DE CICCO, F. *Manual sobre sistemas de gestão da segurança e saúde no trabalho*. São Paulo: Risk Tecnologia, 1996. v. II.

DE CICCO, F. *Sistemas integrados de gestão*: agregando valor aos sistemas ISO 9000. São Paulo: QSP, [200-]. Disponível em: www.qsq.com.br. Acesso em: 12 dez. 2004.

DEGANI, C. M. *Sistemas de gestão ambiental em empresas construtoras de edifícios*. 2003. Dissertação (Mestrado) – Escola Politécnica, Universidade de São Paulo, São Paulo, 2003.

DENARDIN, V. F.; VINTER, G. Algumas considerações acerca dos benefícios econômicos, sociais e ambientais advindos da certificação ISO 14000 pelas empresas. *Revista de Estudos Ambientais*, v. 2, n. 2-3, p. 109-113, 1999.

DONAIRE, D. *Gestão ambiental na empresa*. São Paulo: Atlas, 1995.

DYLLICK-BRENZINGER, T. et al. *Guia da série de normas ISO 14001*: sistemas de gestão ambiental. Blumenau: EDIFURB, 2000.

FARIA, H. M. *Uma discussão a respeito dos benefícios econômicos da gestão ambiental*. 2003. Dissertação (Mestrado) – Escola Federal de Engenharia de Itajubá, Itajubá, 2003.

FEIGENBAUM, A. V. *Total quality control*. 3. ed. New York: McGraw-Hill, 1996.

FRONSINI, L. H.; CARVALHO, A. B. M. de. Segurança e saúde na qualidade e no meio ambiente. *CQ Qualidade*, n. 38, p. 40-45, 1995.

FURTADO, J. S. *Auditorias, sustentabilidade, ISO 14000 e produção limpa*: limites e mal-entendidos. [S.l.: s.n; 200-]. Disponível em: http://teclim.ufba.br/jsf/producaol/iso %20e%20pl.pdf . Acesso em: 01 set. 2003.

GALVÃO FILHO, J. B. A gestão de conflitos ambientais. *Revista Banas Ambiental*, v. 2, n. 11, p. 22-25, 2001.

GIORDANO, J. C. Riscos à qualidade de alimentos e fármacos. *Revista Controle de Contaminação*, v. 6, n. 54, p. 22-25, 2003.

GRAEDEL, T. E.; ALLENBY, B. R. *Industrial ecology*. 2nd ed. Upper Saddle River: Prentice Hall, 2003.

GRAEDEL, T. E.; ALLENBY, B. R. *Industrial ecology*. Englewood Cliffs: Prentice Hall, 1995.

HAMMER, W.; PRICE, D. *Occupational safety management and engineering*. Englewood Cliffs: Prentice Hall, 1995.

HUNT, C. B.; AUSTER, E. R. Proactive environmental management: avoiding the toxic trap. *MIT Sloan Management Review*, v. 31, n. 2, p. 7-18, 1990.

KAUFMAN JR., D. L. *Sistema um*: uma introdução ao pensamento sistêmico. Minneapolis: Carlton Publisher, 1980.

KETOLA, T. Why don't the oil companies clean up their act? The realities of environmental planning. *Long Range Planning*, v. 31, n. 1, p. 108-119, 1998.

KIPERSTOK, A. et al. Inovação como requisito do desenvolvimento sustentável. *Revista Eletrônica de Administração*, v. 8, n. 6, 2002. Disponível em: http://www.read.ea.ufrgs.br/edicoes/pdf/artigo_80.pdf. Acesso em: 07 dez. 2011.

LAKATOS, E. M.; MARCONI, M. *Fundamentos da metodologia científica*. 3. ed. São Paulo: Atlas, 1991.

LEAPER, S. (Ed.). *HACCP*: a practical guide. 2nd ed. [S.l.]: CCFRA, 1997. (Technical Manual, 38).

MACIEL, J. *Elementos da teoria geral dos sistemas*. Petrópolis: Vozes, 1974.

MACIEL, J. L. L. *Proposta de um modelo de integração da gestão de segurança e da saúde ocupacional à gestão da qualidade*. 2001. Dissertação (Mestrado) – Universidade Federal de Santa Catarina, Florianópolis, 2001.

MAFFEI, J. C. *Estudo da potencialidade da integração de sistemas de gestão da qualidade, meio ambiente e segurança e saúde ocupacional*. 2001. Dissertação (Mestrado) – Universidade Federal de Santa Catarina, Florianópolis, 2001.

MARANHÃO, M. *ISO série 9000*: manual de implementação versão 2000. 6. ed. Rio de Janeiro: Qualitymark, 2001.

MARTINS, A. I. S. *Desenvolvimento de um modelo para a avaliação de impactos e danos na indústria química*. 2000. Dissertação (Mestrado) – Escola Politécnica, Universidade de São Paulo, São Paulo, 2000.

MEKBEKIAN, G. *Desenvolvimento de sistemas da qualidade para indústria de pré-fabricados de concreto de acordo com a diretrizes da série de normas ISO 9000*. 1997. Dissertação (Mestrado) – Escola Politécnica, Universidade de São Paulo, São Paulo, 1997.

MOREIRA, M. S. O desafio da gestão ambiental. *Revista Banas Ambiental*, v. 3, n. 10, p. 23-25, 2001.

MOURA, L. A. A. de. *Qualidade e gestão ambiental*: sustentabilidade e implantação da ISO 14001. 5. ed. São Paulo: J. de Oliveira, 1998.

PEARCE, D. W.; TURNER, R. K. *Economics of natural resources and the environment*. New York: Harvester Wheatsheaf, 1990.

PICCHI, F. A. *Sistemas de qualidade*: uso em empresas de construção. 1993. Tese (Doutorado) – Escola Politécnica, Universidade de São Paulo, São Paulo, 1993.

PORTER, M. E.; VAN DER LINDE, C. *Green and competitive*: ending stalemate. [S.l]: Harvard Business Review, 1995. Disponível em: http://zonecours.hec.ca/documents/ H2007-1-1063093.Porter_Linde_TheGreenAdvantage.pdf. Acesso em: 07 dez. 2011.

RAMOS, J. B. Empresas ambientalmente educadas. *Revista Banas Ambiental*, v. 3, n. 13, p. 32-35, 2001.

RATTNER, H. Tecnologia e desenvolvimento sustentável: uma avaliação crítica. *Revista de Administração*, v. 26, n. 1, p. 5-11, 1991.

REIS, P. F. *Análise dos impactos da implementação de sistemas de gestão da qualidade nos processos de produção de pequenas e médias empresas de construção de edifícios*. 1998. Dissertação (Mestrado) – Escola Politécnica, Universidade de São Paulo, São Paulo, 1998.

SCHMIDHEINY, S.; ZORRAQUÍN, F. J. L. *Financing change*: the financial community, eco-efficiency, and sustainable development. Cambridge: MIT Press, 1996.

SENGE, P. M. *A quinta disciplina*: arte e prática da organização de aprendizagem. 2. ed. São Paulo: Best Seller, 1998.

SHARMA, S. Managerial interpretations and organizational context as predictors of corporate choice of environmental strategy. *Academy of Management Journal*, v. 43, n. 4, p. 681-697, 2000.

SHARMA, S.; PABLO, A. L.; VREDENBURG, H. Corporate environmental responsiveness strategies: the importance of issue interpretation and organizational context. *The Journal of Applied Behavioral Science*, v. 35, n. 1, p. 87-108, 1999.

SOUZA, R. *Metodologia para desenvolvimento e implantação de sistemas de gestão da qualidade em empresas construtoras de pequeno e médio porte*. 2001. Tese (Doutorado) – Escola Politécnica, Universidade de São Paulo, São Paulo, 2001.

SOUZA, R. S. de. Evolução e condicionantes da gestão ambiental nas empresas. *Revista Eletrônica de Administração*, v. 8, n. 6, 2002. Disponível em: http://www.read.adm.ufrgs.br/edicoes/pdf/artigo_82.pdf. Acesso em: 07 dez. 2011.

STUEDEL, H. J. *ISO 9001*: como escrever as rotinas da qualidade: orientações e abordagens. Rio de Janeiro: Infobook, 1993.

TARALLI, G. *Gerenciamento de riscos*. São Paulo: Escola Politécnica da USP, 1999. Apostila do curso PECE: Programa de Educação Continuada em Engenharia da Escola Politécnica da USP. 1º ciclo.

TARALLI, G. *Prevenção da poluição*. Campinas: UNICAMP, 1999. Apostila do curso de especialização em Engenharia Ambiental da Faculdade de Engenharia Química da Universidade de Campinas. 2º ciclo.

TARALLI, G. *Técnicas de avaliação qualitativa de afeitos e impactos ambientais*. São Paulo: Escola Politécnica da USP, 1998. Apostila do curso PECE: Programa de Educação Continuada em Engenharia da Escola Politécnica da USP. 3º ciclo.

VALLE, C. E. do. *Qualidade ambiental*: o desafio de ser competitivo protegendo o meio ambiente: como se preparar para as normas ISSO 14.000. São Paulo: Pioneira, 1995.

VITERBO JR., E. *ISO 9000 na indústria química e de processos*. Rio de Janeiro: Qualitymark, 1996.

VITERBO JR., E. *Sistemas integrados de gestão ambiental*: como implementar a ISO 14001 a partir da ISO 9000, dentro de um ambiente de GQT. São Paulo: Aauqriana, 1998.

WARING, A.; GLEDON, A. I. *Managing risk*: critical issues for survival and success into 21th century. London: Thomson Learning, 1998.

ÍNDICE

A

Ação (*ACT*), 41-42, 137-144
    análise crítica pela administração, 140-144
    corretiva e preventiva, 137-140
Acidente, comunicação do (emergências), 117
ACT (Ação), 41-42, 137-144
Água, programa ambiental para economia de, 78
Análise crítica pela administração (ação (*ACT*)), 140-144
Áreas inadequadas, programa ambiental para recuperação de, 86-87
Aspectos ambientais significativos, identificação de
    Plano GAIA-PCC, 146
Atendimento e requisitos
    verificação (*Check*), 135-136
Auditoria interna
    verificação (*Check*), 133-135

C

Certificados, obtenção de
    histórico e números, 24-28
Check (verificação), 41, 131-136
Competência
    execução (*Do*), 103-105
Comunicação
    do acidente, 117
    execução (*Do*), 105-107
Conscientização
    execução (*Do*), 103-105
Controle ambiental e aspectos ambientais
    execução (*Do*), 61-74
Controle de PCCs ambientais
    Plano GAIA-PCC, 147

D

Defensivos agrícolas, redução do uso de, 87
Derrame
    produtos químicos, 120-121
Descobertas científicas e eventos tecnológicos
    proposta Zeri, 99-101
Do (Execução), 40-41, 61-129
Documentação
    execução (*Do*), 107-113

E

Educação e conscientização ambiental,
    programa para, 85
Efluentes, programa ambiental para controle e minimização dos, 84
Emergência
    ações em casos de emergência, 118-121
    execução (*Do*), 114-121
    simulados de, 117-118

Energia elétrica, programa ambiental para economia de, 77
Estratégias ambientais, evolução das, 14-22
Execução (*Do*), 40-41, 61-129
    aspectos ambientais e controle operacional, 61-74
        metodologia para identificação e quantificação, 67-74
        objetivos, metas e programas, 74-101
            produção mais limpa, 89-95
            proposta Zeri, 95-101
            resíduos, manejo e gerenciamento de, 88-89
    competência, treinamento e conscientização, 103-105
    comunicação, 105-107
    documentação, 107-113
        controle de documentos, 108-111
        controle de registros, 111-113
    emergências, 114-121
        ações em casos de emergência, 118-121
        comunicação do acidente, 117
        simulados de emergências, 117-118
    recursos, 101-103

G

Gestão, política do sistema de, 46-50
Gestão ambiental, benefícios do sistema de, 36-37

I

Incêndio (ações em casos de emergência), 119-120
Insumos ambientalmente corretos, programa ambiental para aquisição de, 79
ISO 14001 e o SGA, abrangência e objetivos da, 22-28

L

Legislação brasileira para referência, 52-60

M

Medição
    verificação (*Check*), 131-133
Monitoramento
    de PCCs ambientais
        plano GAIA-PCC, 148
    verificação (*Check*), 131-133

N

Norma ISO 14001, 22-28, 33-44
    críticas, 37-39
    estrutura do SGA, 34-36
    macroanálise dos elementos de SGA, 39-42
    requisitos, 36
    sistema de gestão ambiental, benefícios da implantação de um, 36-37
    requisitos, 37

O

Objetivos, metas e programas
    execução (*Do*), 74-101

P

PCC-A
    limites críticos para cada, 72-73
    monitoramento para cada, 73
    pontos críticos de controle ambiental, 72
Percepção ambiental, 13-32
    estratégias ambientais, evolução das, 14-22
    mudança de visão em relação às questões ambientais, 13-14
    SGA e a ISO 14001, abrangência e objetivos do, 22-28
        certificados emitidos na América do Sul, 25
        certificados emitidos no mundo, 24
        certificados obtidos por empresas, 26-28
Planejamento (*Plan*), 40-41, 45-60
    escopo, 45-46
    legislação brasileira para referência, 52-60

requisitos, 50-52
sistema de gestão, política do, 46-50
Políticas públicas
proposta Zeri, 101
Poluentes atmosféricos, programa ambiental para controle e minimização dos, 82-83
Produção mais limpa, 89-101
implantação, barreiras da, 93-94
programa de PmaisL
benefícios de implantação, 94-95
etapas do processo de implantação, 95
Produtos químicos, derrame de, 120-121
Programa ambiental
de manejo de resíduos sólidos, 80-81
para aquisição de insumos ambientalmente corretos, 79
para controle e minimização dos efluentes, 84
para controle e minimização dos poluentes atmosféricos, 82-83
para economia de água, 78
para economia de energia elétrica, 77
para educação e conscientização ambiental, 85
Programa de PmaisL, benefícios da implantação de, 94-95
Proposta Zeri
conceitos e princípios, 96
linhas mestras de estratégias, 96-101
agrupamentos empresariais, 98-99
ciclo de vida de materiais, 97-98
descobertas científicas e eventos tecnológicos, 99-101
matéria prima, produtividade total da, 96-97
políticas públicas, 101

R

Resíduos, manejo e gerenciamento de, 88-89
Resíduos sólidos
destinação prevista, 90-92
programa ambiental de manejo, 80-81

S

SGA
e a ISO 14001, abrangência e objetivos do, 22-28
estrutura de acordo com ISO 14001, 34-36
macroanálise dos elementos, 39-42
Simulados de emergências, 117-118
Sistema de gestão, política do, 46-50
Sistema de gestão ambiental
benefícios da implantação, 36-37

T

Treinamento
execução (*Do*), 103-105

V

Verificação (*Check*), 41, 131-136
atendimento e requisitos legais, 135-136
auditoria interna, 133-135
monitoramento e medição, 131-133

Z

Zeri, proposta, 95-101